국제 지오지브라 연구소 공인

개정판

Geometry + Algebra

지오지브라 시리즈 2

■ 무료 수학-과학 소프트웨어

지오지브라 5와 3차원 기하

GeoGebra

전국 수학교사 모임 | 지오지브라연구소 소장

최 경 식 지음

KYOWOOSA 교우사

머리말

2001년에 마르쿠스 호헨바터 교수[1]에 의해 지오지브라가 개발되고 유럽과 미국을 중심으로 지오지브라의 사용자가 늘어나게 되었으나, 2008년까지 지오지브라는 우리말로 번역되지 않은 채 남아 있었다. 필자는 2008년 가을 우연한 기회로 지오지브라를 알게 되었고, 이 프로그램에 매력을 느껴 지금까지 지오지브라의 한글화를 담당하고 있다. 사실 지오지브라의 사용자 인터페이스와 공식 문서에 대한 한글화를 시작한 동기는 단순한 호기심 때문이었지만, 지금은 2008년 당시와는 달리 많은 책임감을 느끼고 있다. 이는 지오지브라가 우리나라의 많은 수학 교육자에게 관심을 받기 시작했기 때문이다.

지오지브라의 가장 큰 특징을 한 단어로 말하면 `Free` 라고 할 수 있다. 영어로 `Free` 는 형용사로 자유로운 이라는 뜻과 무료의 라는 뜻을 갖고 있는데, 이 단어의 뜻과 같이 지오지브라는 수학을 탐구하기 위해 누구나 자유롭게 사용할 수 있으며 이를 위해 무료로 제공된다. 그러한 의미에서 마르쿠스 호헨바터 교수는 지오지브라의 라이선스를 오픈소스 자유소프트웨어로 하였다.[2]

지오지브라의 또 하나의 특징으로 `Easy-to-use` 를 들 수 있다. 지오지브라는 인터페이스가 간결하고 수학에서의 수식을 그대로 입력할 수 있으며 모든 명령어가 우리말로 되어 있어,[3] 지오지브라를 처음 접한 사용자라도 사용법을 쉽게 배울 수 있다. 또한, 지오지브라에는 다양한 수학 영역[4]을 탐구할 수 있는 기능[5]이 내장되어 있어, 이 소프트웨어 하나를 익히면 다양한 수학 과제를 탐구할 수 있다.

이 책은 지오지브라 5와 3차원 기하의 개정판이다. 본래 이 책은 지오지브라 바이블[6] 에서 다루지 못한 3차원 기하창 에 대하여 설명하기 위해 기획되었다. 이 책이 출간될 당시에는 지오지브라의 3차원 기하창은 베타버전에서만 사용이 가능하였으나 현재는 지오지브라의 공식 버전에 탑재되어 있다. 따라서 이 책은 이와 같은 변화와 지오지브라의 3차원 기하창의 안정된 기능을 토대로 기존의 책에서 부족했던 부분인 정사영과 공간 도형의 회전, 전개도에 대한 내

---

[1]당시 대학원생이었던 마르쿠스 호헨바터 교수는 석사 논문을 위해 지오지브라를 개발하였다.

[2]지오지브라를 비영리 목적에 이용하는 것은 자유이지만, 영리와 연관이 된 경우 국제 지오지브라 연구소의 인가를 얻어야 한다.

[3]필자가 지오지브라 번역을 시작할 때 지오지브라의 명령을 우리말로 번역할 것인가에 대해 많은 시간을 두고 고민하였다. 이 때, 필자는 지오지브라의 핵심적인 정신인 `Easy-to-use` 를 따라 모든 명령을 우리말로 번역해야 한다고 생각하게 되었다. 지오지브라 4.2 부터는 영어 명령어도 우리말 명령어와 함께 사용할 수 있게 되어 영어 명령어를 선호하는 사용자를 배려하였다. 이 책에서는 각 명령을 소개하는 부분에 해당 명령의 영어 명령어를 각주로 달아놓았다.

[4]기하, 대수, 미적분, 통계, 이산수학, 3차원 기하 등

[5]움직이는 기하 소프트웨어, 컴퓨터 대수 시스템, 자료 분석 소프트웨어, 이산수학 명령, 스크립트 등

[6]최경식 (2013). 지오지브라 바이블. 서울: 교우사.

용을 추가하였다.

1장은 지오지브라와 실행화면의 각 부분에 대하여 설명하였다. 2장은 지오지브라의 3차원 기하창의 기능과 도구상자, 도구의 기능에 대해 소개하였다. 3장은 3차원 기하 명령을 소개하였다. 3차원 기하창은 점, 직선, 곡선, 평면, 곡면, 기둥과 뿔, 정다면체 등에 대한 명령을 제공하고 있다. 4장은 3차원 기하창에서 자료를 작성하고 공유하는 방법에 대해 설명하였다. 5장은 3차원 기하창에서 공간도형과 공간벡터를 활용한 예제를 소개하였다. 6장은 3차원 공간에서의 다양한 곡선과 곡면을 소개하였다. 7장은 구분구적법과 회전체에 대한 자료 작성에 대해 설명하였다. 8장은 이변수 함수의 그래프에 대해 소개하였다. 9장은 지오지브라에서 3차원 공간의 도형에 대한 정사영을 관찰하는 방법에 대하여 소개하였다. 10장은 지오지브라 연구소를 소개하였다. 11장은 지오지브라 앱에 대하여 소개하였다.

필자가 지오지브라의 3차원 기하창에 대하여 미처 다루지 못한 내용도 있을 수 있으나, 독자들은 이 책을 통해 3차원 기하창에 대한 전반적인 사용법을 이해할 수 있을 것이다. 이 책을 저술하면서 가진 필자의 작은 바람은 독자가 지오지브라를 활용하여 수학을 탐구하면서 개념에 대한 깊은 이해를 얻고 탐구하는 것에 대한 즐거움이 충만해지는 것이다. 지오지브라와 이 책을 통해 독자 여러분이 수학을 즐기는 데 많은 도움이 되기를 바란다.

2015년 1월 9일

지오지브라 연구소장

최 경 식

감사의 글

이 책이 나오기까지 많은 분들이 도움을 주셨다. 우선 지오지브라의 개발자 마르쿠스 호헨바터(Markus Hohenwarter) 교수님과 지오지브라 연구소 자문을 맡아주시는 졸트 라빅자(Zsolt Lavicza) 교수님께 감사드린다. 또한 지오지브라 개발 총책임자 마이클 볼셔즈(Micheal Borcherds)님과 마티유 블라서(Mathieu Blosser)님께 감사드린다. 특별히 마티유 블라서님은 3차원 기하창의 Red/Cyan 안경모드를 만들어 달라는 필자의 요청에 따라 Red/Cyan 안경모드를 개발해 주셨다. 지오지브라를 각국에서 발전시켜가고 있는 타츠요시 하마다(Tatsuyoshi Hamada) 교수님, 아키히토 와치(Akihito Wachi) 교수님, 톨가 카바카(Tolga Kabaca) 교수님께 감사드린다.

우리나라에서 지오지브라를 위하여 많은 도움을 주시는 류희찬 교수님과 신인선 교수님, 지오지브라 연구소의 팀장으로 함께하시는 김동석 선생님, 전수경 선생님, 주재은 선생님, 박희정 선생님, 조운상 선생님, 박철휘 선생님, 정동은 선생님, 김경용 선생님, 김은하 선생님, 지성진 선생님, 이예찬 선생님과 온라인에서 많은 도움을 주시고 계신 이은희 선생님, 권태률 선생님, 박인식 선생님, 그 외 지오지브라 연구소의 다른 팀장님들과 연구원님들께 진심으로 감사드린다. 지오지브라에 많은 관심을 가져주시는 김성숙 교수님, 김태순 교수님, 강현영 교수님께 감사드린다. 필자의 지오지브라에 관한 활동에 많은 격려를 해 주신 김남희 교수님과 박경미 교수님께 감사드린다.

필자가 지오지브라에 대한 활동을 하는데 도움을 주신 김학준 교장선생님, 권기준 교장선생님, 윤재철 교장선생님, 양운택 장학관님, 조도연 장학관님, 허남근 교장선생님, 김미순 교감선생님, 김영리 장학사님, 김영창 교장선생님, 안병도 교장선생님, 김남훈 교장선생님, 이훈범 교장선생님, 고혜정 장학사님, 류창원 선생님, 안병수 선생님, 한희동 선생님, 이영배 선생님, 손대원 선생님, 박진호 선생님, 김혜영 선생님께 감사드린다. 또한 진심어린 조언으로 많은 도움을 주신 박현화님, 박선영님께 진심으로 감사드린다.

필자에게 지오지브라 연구소라는 기회를 주신 전국수학교사모임의 최수일 선생님과 남호영 선생님께 감사드린다.

이 책을 조판하기 위해 사용된 LaTeX의 Hoze 클래스를 사용하도록 허락하신 이호재님께 감사드린다. 이 책을 출판할 수 있도록 많은 도움을 주신 교우사의 오판근 사장님과 임직원 여러분께 감사드린다.

마지막으로 부족한 필자를 위해서 기도해 주시고 평생을 헌신하여 주신 부모님, 언제나 필자를 선한 길로 인도하여 주시는 하나님께 감사드린다. ^—^

차례

그림 차례

I

지오지브라

GeoGebra

1
지오지브라

1.1 지오지브라

지오지브라(GeoGebra)는 기하, 대수, 미적분, 통계, 이산수학, 3차원 기하를 다룰 수 있으며 비영리적인 목적[1]을 위해 무료로 사용할 수 있는 오픈 소스 소프트웨어이다.

지오지브라의 이름은 지오(Geometry; 기하)와 지브라(Algebra; 대수)의 합성어로 동적 기하 소프트웨어(DGS;Dynamic Geometry Software)와 컴퓨터 대수 시스템(CAS; Computer Algebra System)을 결합한 소프트웨어라는 의미를 담고 있다. 따라서 지오지브라는 다양한 수학 영역의 대상을 다룰 수 있는 동적 수학 소프트웨어(DMS; Dynamic Mathematics Software)라고 볼 수 있다.

그림 1.1: 전 세계의 지오지브라 연구소

[1] 만일 지오지브라와 연관되어 영리가 발생하는 경우에는 국제 지오지브라 연구소(IGI; International GeoGebra Institute)의 허가가 필요하다. [office@geogebra.org(영어), kyeong@geogebra.org(한국어)]

1.2 지오지브라의 역사

지오지브라는 오스트리아의 마르쿠스 호헨바터(Markus Hohenwarter)가 대학원생이었던 2001년도에 개발되었다. 마르쿠스 호헨바터는 수학교육과 컴퓨터 공학을 전공하였으며, 동적 기하 소프트웨어와 컴퓨터 대수 시스템을 결합한 소프트웨어를 개발하고자 하였다. 이러한 작업의 결실로 2002년에 지오지브라는 인터넷을 통하여 소프트웨어의 초기 버전이 공개되었고 오스트리아와 독일의 교사들에게 폭발적인 인기를 얻게 되었다. 같은 해 마르쿠스 호헨바터는 지오지브라의 개발로 EASA(European Academic Software Award) 상을 수상하였으며 현재는 오스트리아를 중심으로 전 세계의 프로그래머들과 지오지브라를 개발하고 있다.

2008년에 최경식[2]은 지오지브라의 인터페이스 및 관련 문서를 한글화하였으며 지오지브라 연구소를 통해 지오지브라의 보급, 출판, 연수, 관련 연구 프로젝트 등을 돕고 있다.

그림 1.2: 지오지브라 개발자인 마르쿠스 호헨바터 교수

[2]kyeong@geogebra.or.kr

1.3 지오지브라의 설치

설치파일 다운로드

1 지오지브라의 공식 홈페이지인 `http://www.geogebra.org`에 접속하여 메인 화면의 다운로드를 클릭 한다.

2 Windows를 클릭 하면 설치파일을 다운로드 받을 수 있다.

설치오류 해결방법

지오지브라 설치파일을 다운로드 받은 후 실행하였으나 설치가 되지 않는 경우가 있다. 이런 경우에는 다음 과정을 따라 실행한 다음 설치파일을 실행하면 지오지브라가 설치된다.

① 제어판을 클릭 한다.

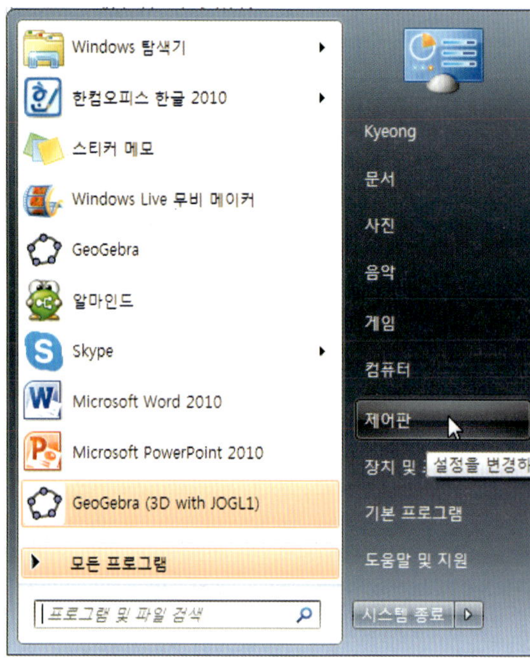

② 시계, 언어 및 국가별 옵션 - 키보드 또는 기타 입력 방법 변경을 클릭 한다.

③ 키보드 변경(C)... 을 클릭 한다.

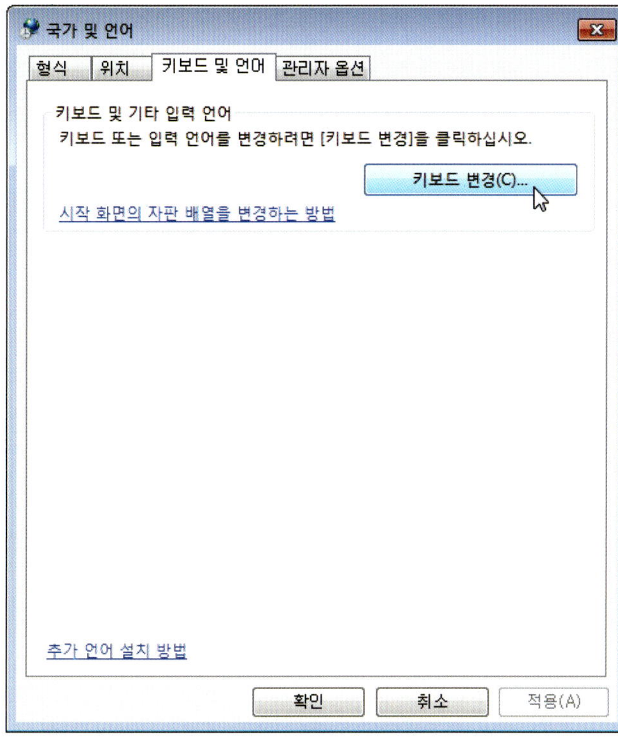

④ 추가(D)... 를 클릭 한다.

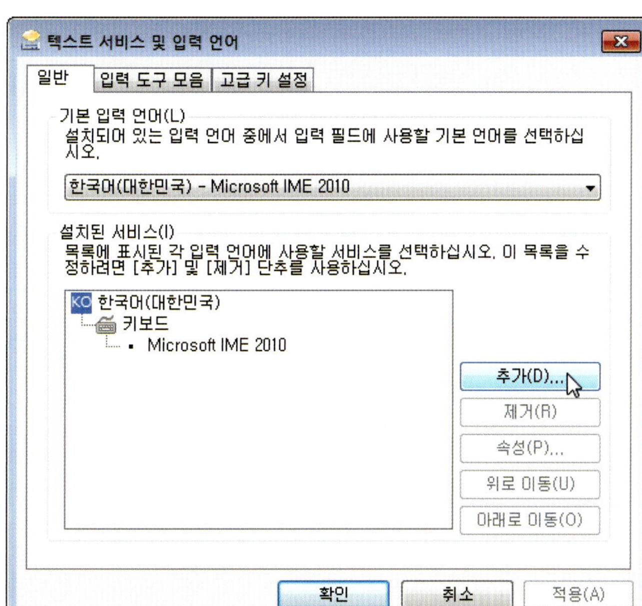

⑤ 한국어(대한민국) 아래의 Microsoft 입력기를 클릭한 후 확인 을 클릭한다.

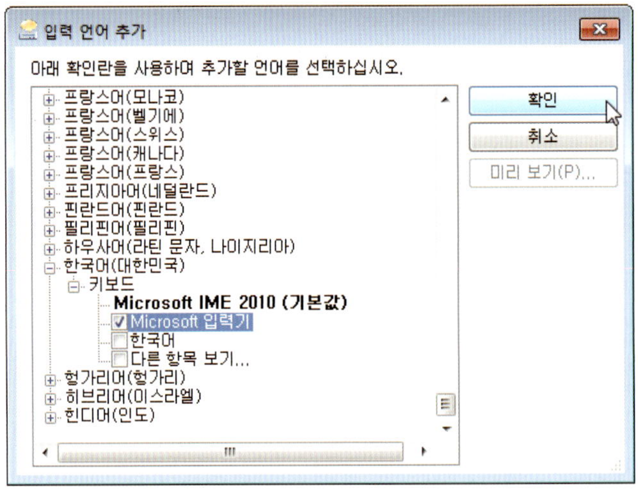

⑥ 콤보상자에서 한국어(대한민국) - Microsoft 입력기를 선택한 후 확인 을 클릭한다.

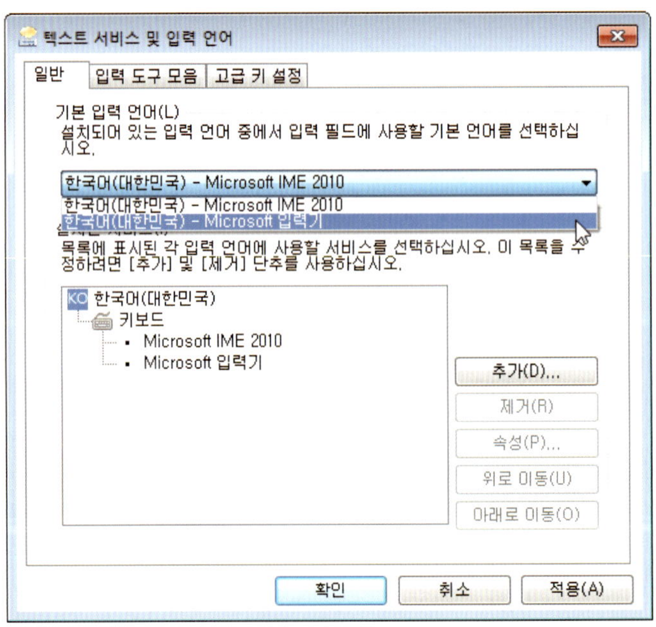

1.4 지오지브라의 실행화면

실행화면

(1) 지오지브라 5의 실행화면은 기본적으로 대수창, 기하창, 입력창으로 구성되어 있다.

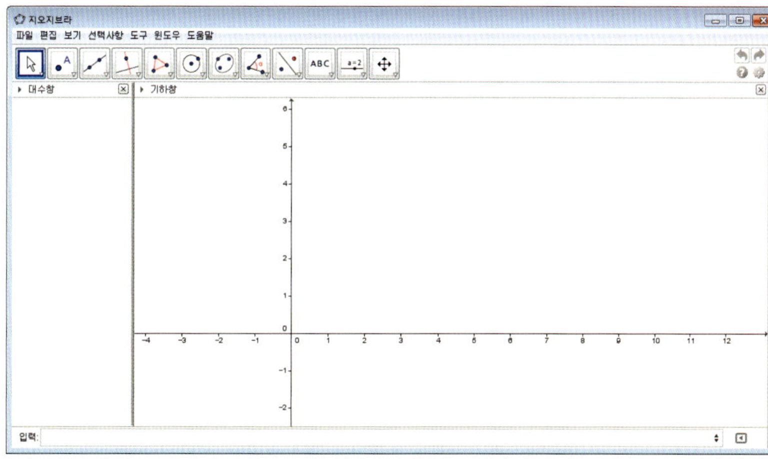

(2) 메뉴의 보기 - 3차원 기하창 을 클릭 하면 3차원 기하창이 나타난다.

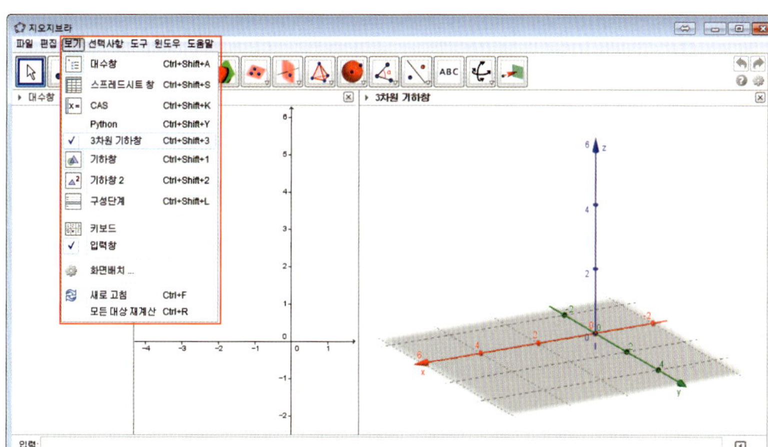

3 지오지브라의 기하창과 대수창은 서로 연결되어 있다. 예를 들어, 기하창에서 원점을 중심으로 반지름이 2인 원을 그리면, 대수창에는 원의 중심점 좌표인 (0 , 0) 과 그 원의 방정식인 $x^2 + y^2 = 4$가 나타난다.

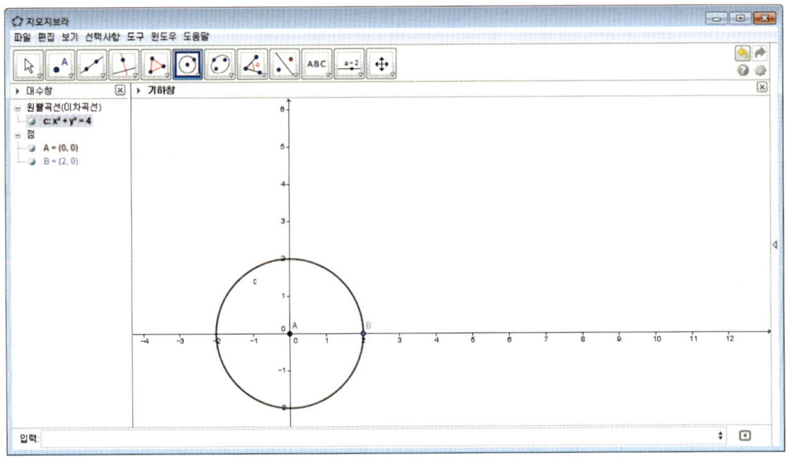

4 지오지브라의 기하창과 3차원 기하창도 연결되어 있다. 예를 들어, 기하창에 원을 그리면 3차원 기하창의 xy 평면에도 원이 나타난다.

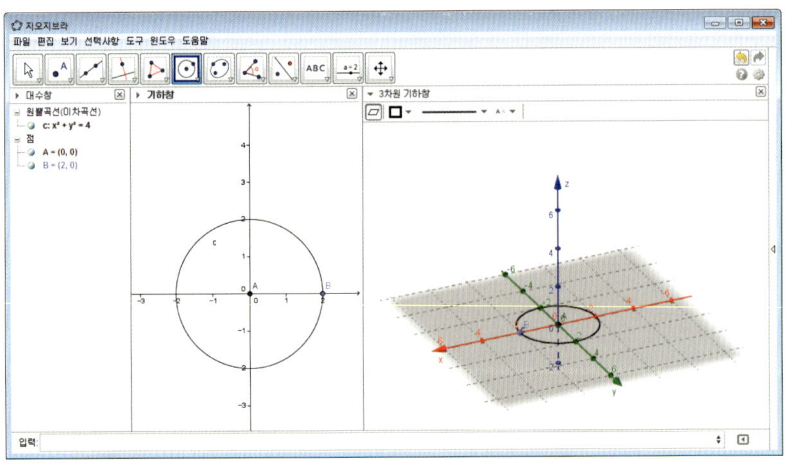

도구상자

(1) 마우스를 도구상자 아래에 있는 역삼각형(▼)에 올려놓으면 빨간색으로 바뀌고 도구의 이름과 사용법이 나타난다.[3]

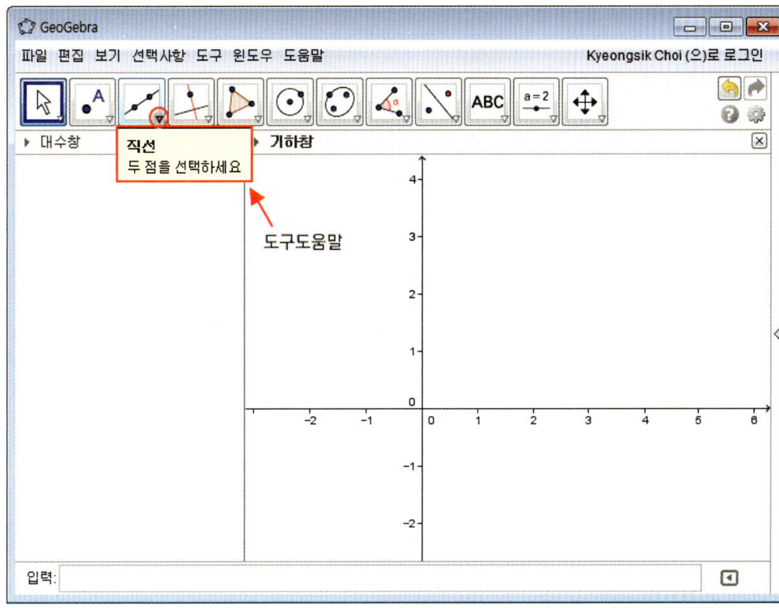

(2) 마우스로 역삼각형(▼)을 클릭 하면 도구상자가 열린다. 도구상자에는 비슷한 종류의 도구들이 모여있다.

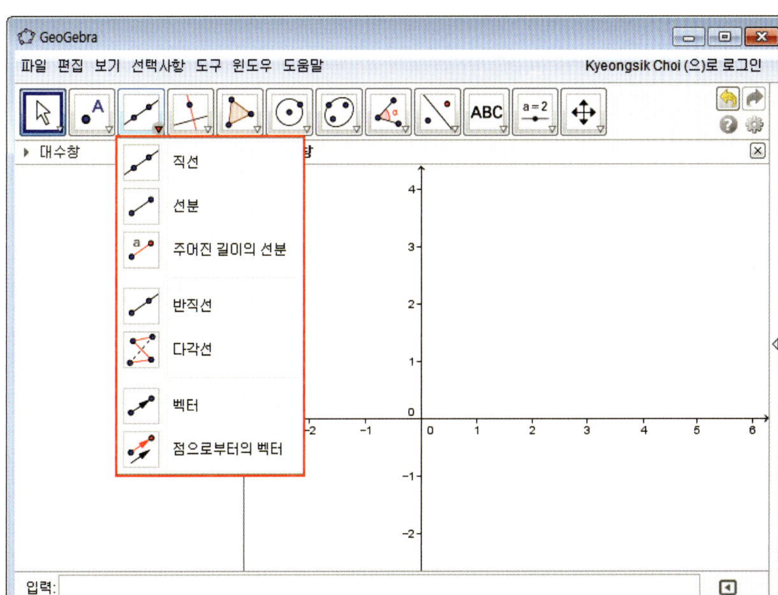

[3]도구 도움말은 도구의 사용순서를 반영하고 있다.

입력창과 입력 도움말

(1) 입력창 오른편의 입력 도움말 ▶ 을 클릭하면 지오지브라의 내장 명령을 볼 수 있다.

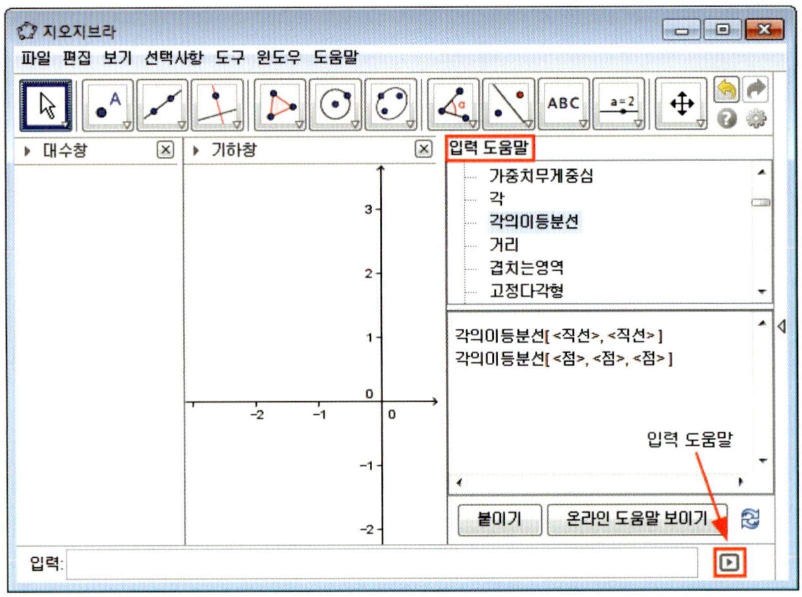

(2) 사용할 명령을 클릭한 후 붙이기 를 클릭하면 해당 명령이 입력창에 입력된다.

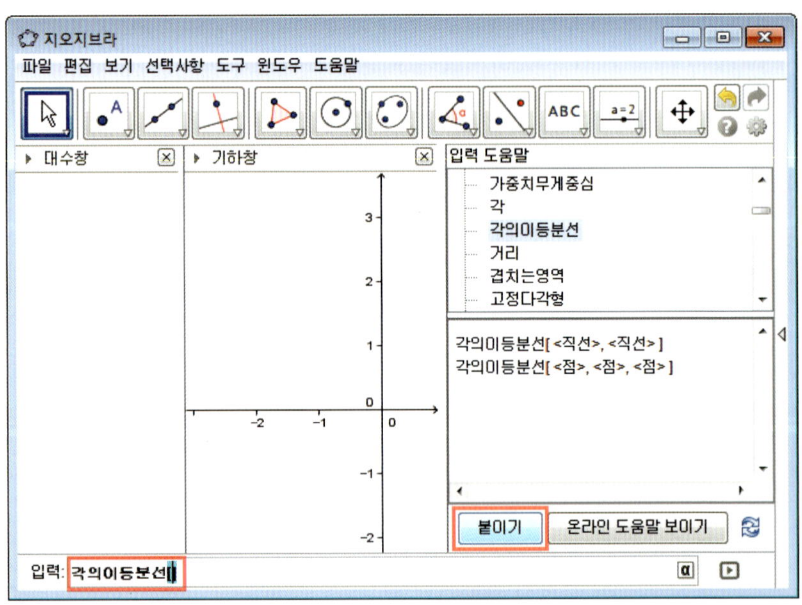

II

도구와 명령

GeoGebra

2
3차원 기하창

2.1 3차원 기하창

지오지브라 5를 이용하면 3차원 공간의 수학적 대상을 다룰 수 있다. 지오지브라 5의 메뉴에서 보기 - 3차원 기하창을 선택하거나 키보드 단축키로 Ctrl + Shift + 3 을 누르면 3차원 기하창을 열 수 있다(그림 2.1).

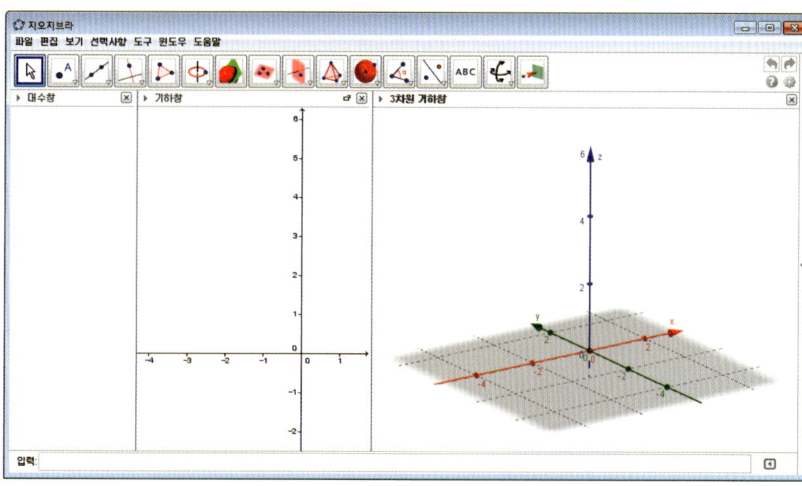

그림 2.1: 2차원 기하창과 3차원 기하창

3차원 기하창 스타일바

3차원 기하창 상단 ▶ **3차원 기하창**의 ▶ 을 클릭 하면 ▼ 로 모양이 바뀌면서 스타일바가 나타난다. 스타일바를 활용하면 3차원 기하창의 모습을 원하는 대로 변경할 수 있다.

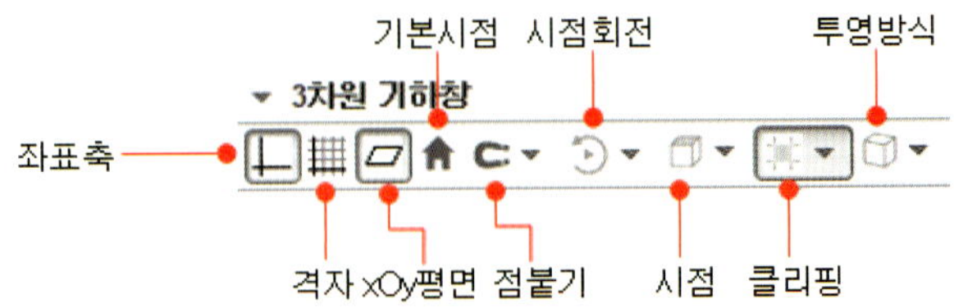

그림 2.2: 3차원 기하창 스타일바

다음은 스타일바 각 부분의 기능이다(그림 2.2).

1. 좌표축 : 3차원 기하창의 좌표축이 보이거나 보이지 않도록 한다.
2. 격자 : 3차원 기하창의 xy 평면에서 격자가 보이거나 보이지 않도록 한다.
3. xOy평면 : 3차원 기하창의 xy 평면이 보이거나 보이지 않도록 한다.
4. 시점회전 : 3차원 기하창의 시점이 자동으로 회전한다.
5. 기본시점 : 3차원 기하창의 기본시점으로 이동한다.
6. 시점 : 3차원 기하창의 시점을 설정한다.
7. 클리핑 : 3차원 기하창 도형이 표현되는 범위를 조절한다.
8. 투영방식 : 3차원 기하창의 투영방식을 결정한다.[1]

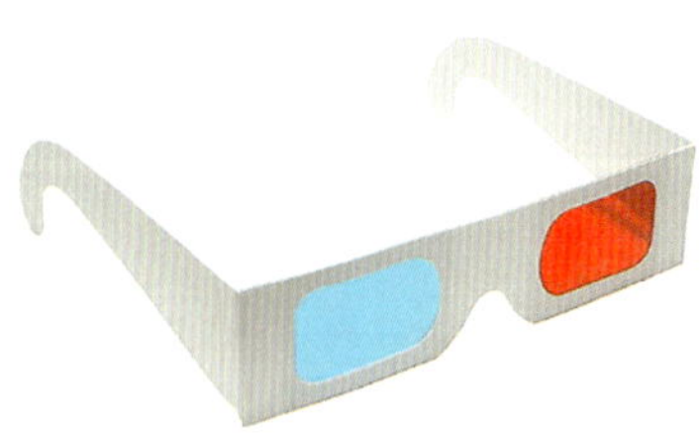

그림 2.3: 안경모드 투영을 위한 Red/Cyan 안경

[1]투영방식 가운데 안경모드 투영을 선택하면 Red/Cyan 안경을 이용하여 입체 영상을 볼 수 있다.

마우스 조작

3차원 공간에 점 만들기

3차원 기하창에서 마우스 를 이용하여 3차원 공간에 점을 만들 수 있다.

1. 점 도구를 선택한 후 3차원 기하창을 클릭 하면 xy 평면에 점이 만들어진다. 이 때, 마우스를 점에 가까이 하면 점 주변에 사방으로 화살표가 나타난다. **이는 점의 이동이 xy 평면에 평행하게 이루어진다는 것을 나타낸다.**

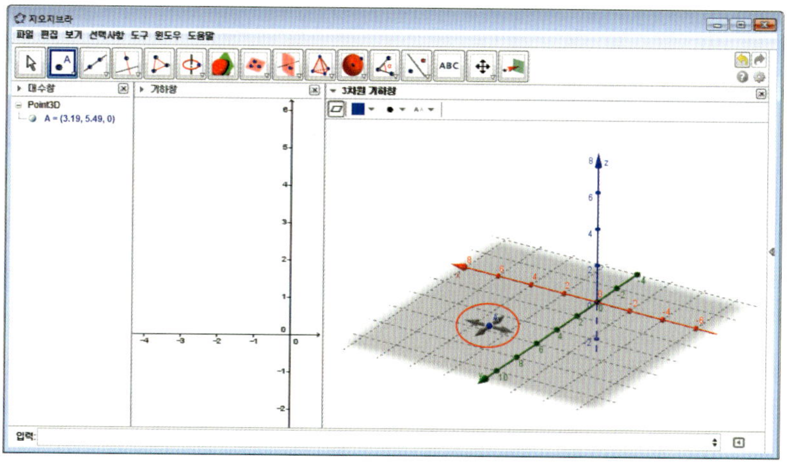

2. 마우스로 점을 다시 클릭 하면 화살표가 위, 아래 방향으로 나타난다. **이는 점의 이동이 z축에 평행하게 이루어진다는 것을 나타낸다.**

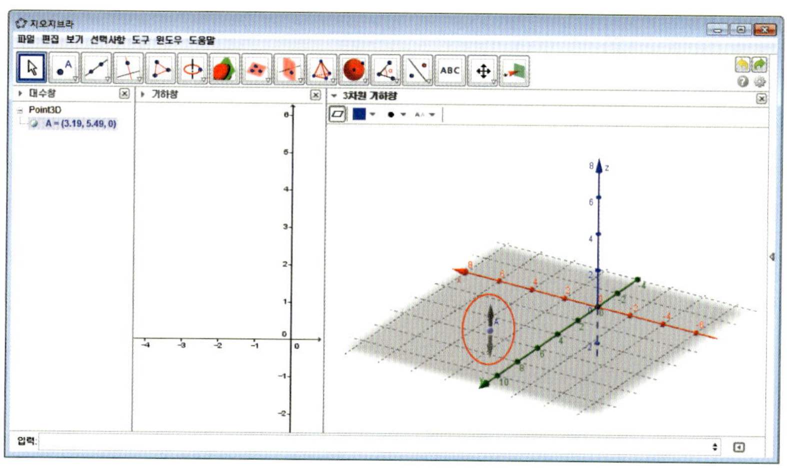

(3) 화살표가 위, 아래로 나타난 상태에서 마우스로 드래그하면 점이 3차원 공간에서 z축 방향에 평행하게 이동한다.

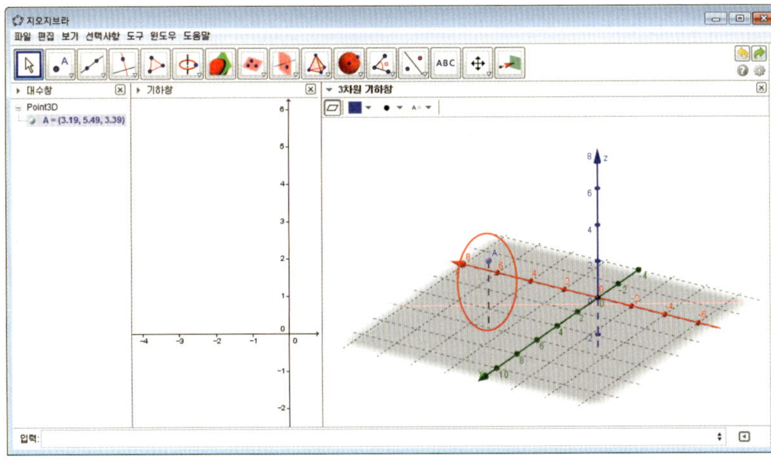

(4) 점 위에서 마우스로 클릭 하면 화살표가 사방으로 나타난다. **이는 점의 이동이 xy 평면에 평행하게 이루어진다는 것을 나타낸다.**

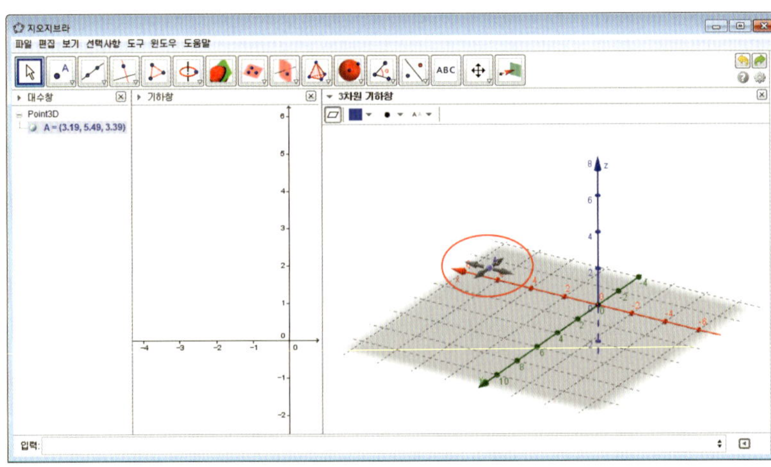

곡면에 점 만들기

3차원 기하창에서 마우스 를 이용하여 곡면에 점을 만들 수 있다. 기하창에 구가 그려져 있다고 가정하자.

① 점 도구를 선택한 후 구면 위에 마우스를 가까이 하면 굽어진 십자 모양이 나타난다.

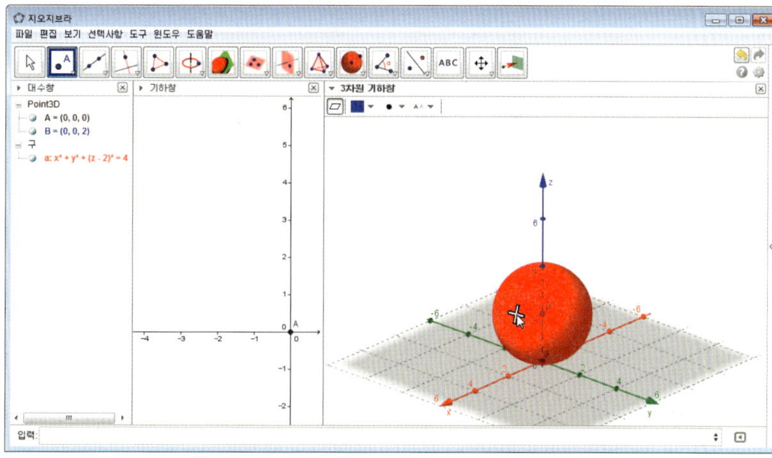

② 마우스로 구면을 클릭 하면 구면 위에 점이 나타난다.

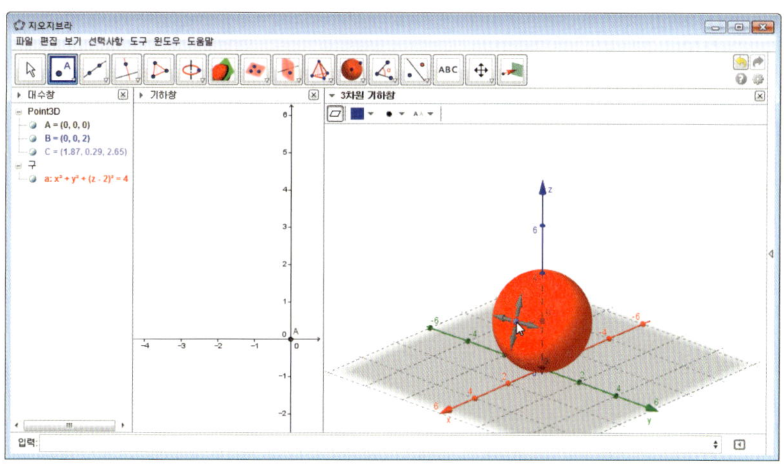

기하창 이동

3차원 기하창에서 마우스 를 이용하여 xy 평면의 위치를 바꿀 수 있다.

(1) 기하창 이동 도구를 선택한 후 마우스를 기하창에 가까이 하면 화살표가 사방으로 나타난다. 이 때, 마우스로 드래그하면 기하창이 xy 평면에 평행하게 이동한다.

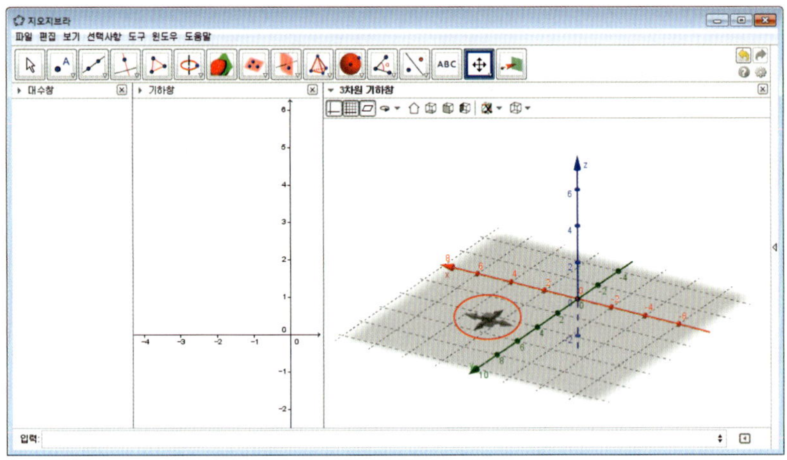

(2) 마우스로 기하창을 다시 클릭 하면 화살표가 위, 아래 방향으로 나타난다. 이 때, 마우스로 드래그하면 기하창이 z축 방향으로 이동한다.

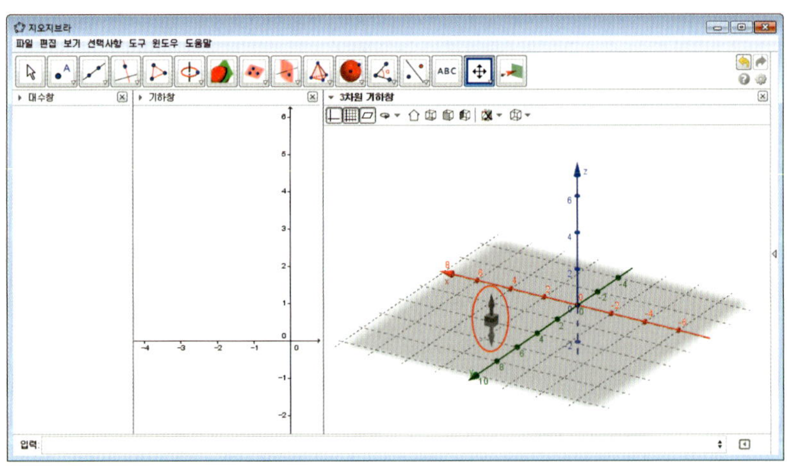

마우스 오른쪽 클릭

마우스 오른쪽 버튼을 클릭 한 채 3차원 기하창 위에서 드래그하면 기하창의 시점이 이동한다.

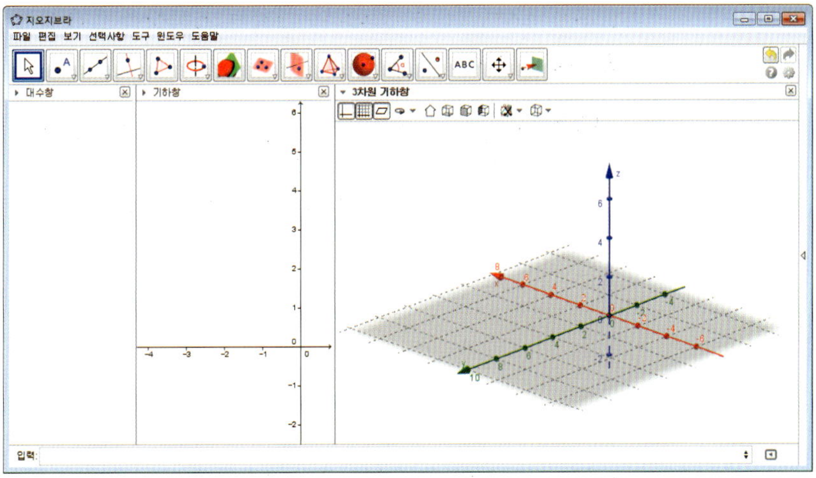

그림 2.4: 마우스 오른쪽 버튼을 클릭하고 드래그하기 전

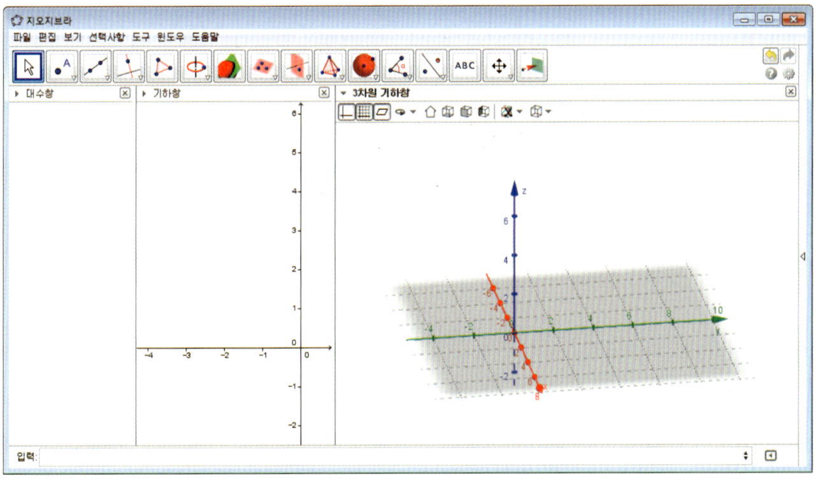

그림 2.5: 마우스 오른쪽 버튼을 클릭하고 드래그한 후

2.2 도구상자

지오지브라는 3차원 대상을 다룰 수 있는 새로운 도구상자를 제공한다. 이 도구상자는 3차원 기하창이 나타났을 때 제공되는데[2], 기존의 도구와 함께 새로운 도구도 들어있다. 이 절에서는 3차원 기하창에서 새롭게 나타난 도구의 사용법을 살펴볼 것이다.

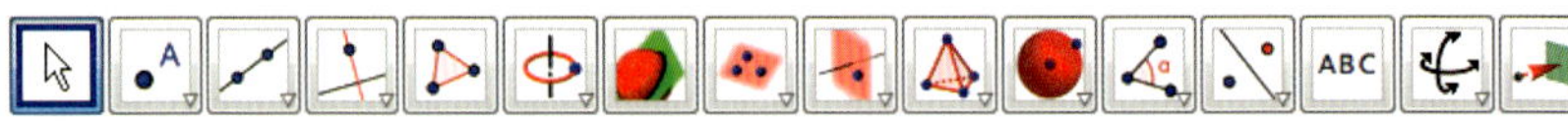

그림 2.6: 3차원 기하창 도구상자

기하 도구상자

원 도구상자

3차원 기하창의 원 도구상자는 3차원에서 원을 그리기 위한 도구를 제공한다.

1		점을 지나고 축이 있는 원
2		중심, 반지름, 방향이 있는 원

원 도구상자 예제 1

점 A 와 직선 a 가 주어졌을 때, 직선 a 를 축으로 하고 점 A 를 지나는 원을 만드시오.

- 점을 지나고 축이 있는 원 도구를 선택한 후, 직선 a , 점 A 를 차례로 클릭 하면 원이 나타난다.

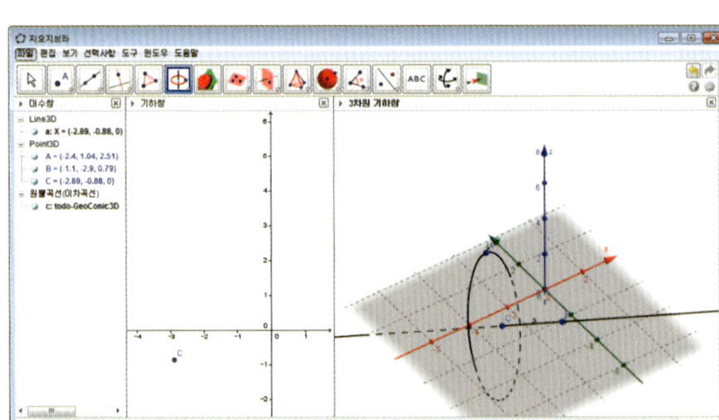

[2]마우스로 3차원 기하창을 클릭 하면 3차원 기하창 도구상자가 나타난다.

원 도구상자 예제 2

점 A 와 벡터 u 가 주어졌을 때, 점 A 를 중심으로 하고 벡터 u 에 수직이면서 반지름이 3인 원을 만드시오.

(1) 중심, 반지름, 방향이 있는 원  도구를 선택한 후, 점 A , 벡터 u 를 차례로 클릭하면 반지름을 묻는 대화상자가 나타난다.

(2) 대화상자에 3을 입력하고 확인 을 클릭하면, 점 A 를 중심으로 하고 벡터 u 에 수직이면서 반지름이 3인 원이 나타난다.

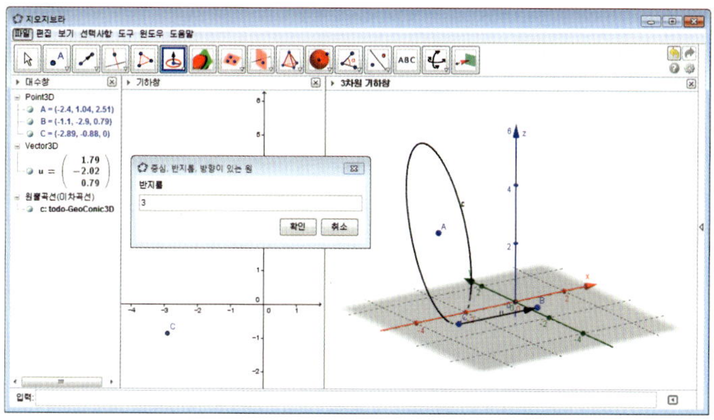

평면 도구상자

3차원 기하창의 평면 도구상자는 3차원에서 평면을 그리기 위한 도구를 제공한다.

1	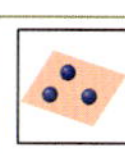	세 점을 지나는 평면
2		평면
3	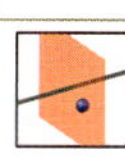	수직평면
4	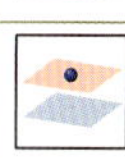	평행한 평면

평면 도구상자 예제 1

점 A, B, C 가 주어졌을 때, 세 점을 지나는 평면을 만드시오.

- 세 점을 지나는 평면 도구를 선택한 후, 점 A, B, C 를 차례로 클릭 하면 평면이 나타난다.

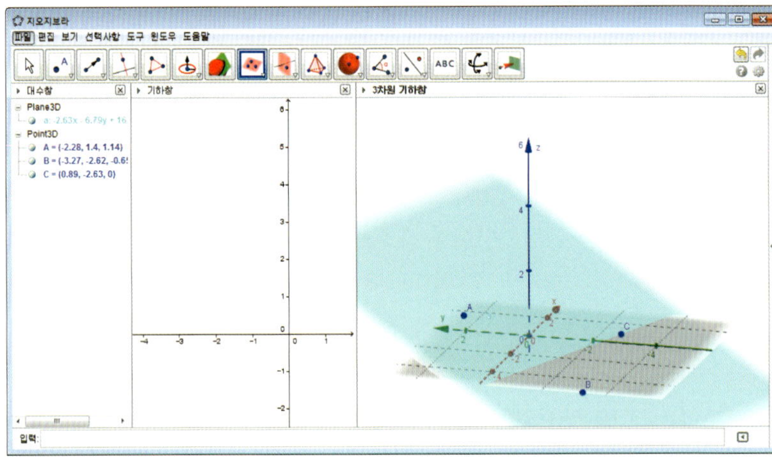

평면 도구상자 예제 2

직선 a, b 가 주어졌을 때, 두 직선을 포함하는 평면을 만드시오.

- 평면 도구를 선택한 후, 직선 a, b 를 차례로 클릭 하면 평면이 나타난다.[3]

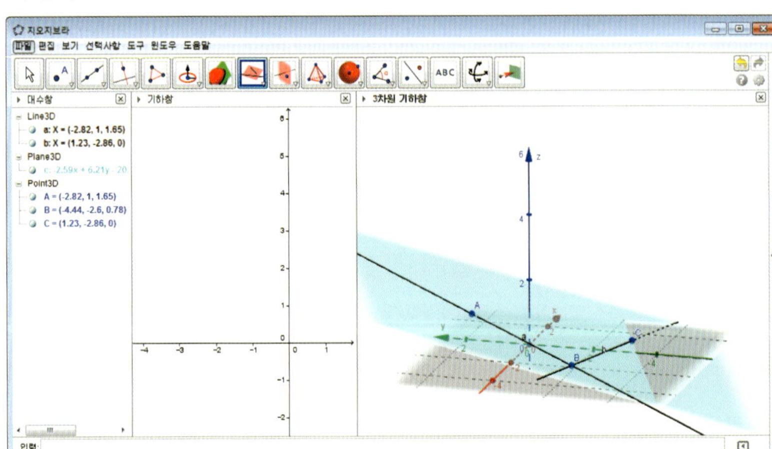

[3] 두 직선이 꼬인위치인 경우, 평면이 존재할 수 없으므로 정의되지 않는다.

평면 도구상자 예제 3

점 A 와 직선 a 가 주어졌을 때, 점 A 를 포함하고 직선 a 에 수직인 평면을 만드시오.

- 수직평면 도구를 선택한 후, 점 A , 직선 a 를 차례로 클릭 하면 점 A 를 지나면서 직선 a 에 수직인 평면이 나타난다.

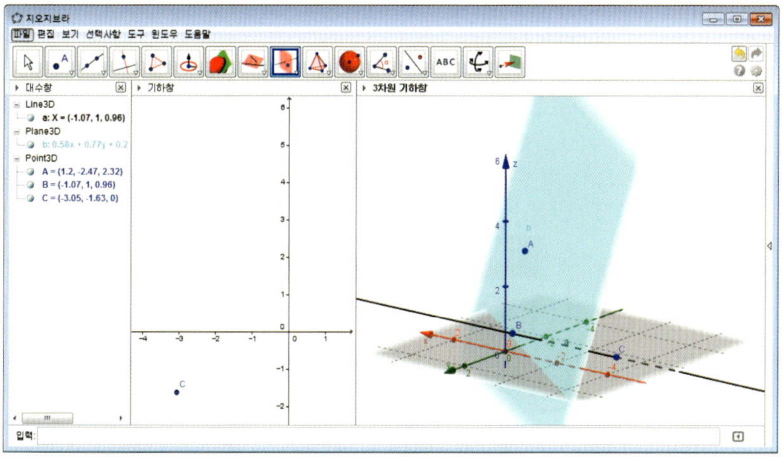

평면 도구상자 예제 4

점 A 와 평면 a 가 주어졌을 때, 점 A 를 포함하고 평면 a 에 평행한 평면을 만드시오.

- 평행한 평면 도구를 선택한 후, 점 A , 평면 a 를 차례로 클릭 하면 점 A 를 포함하고 평면 a 에 평행한 평면이 나타난다.

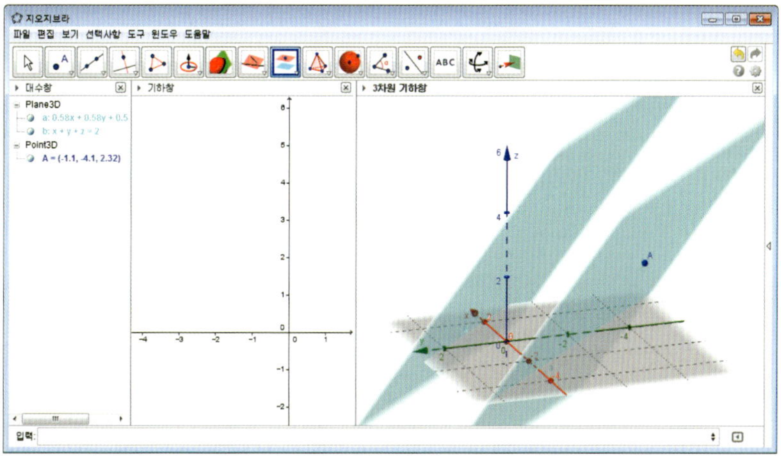

기둥과 뿔 도구상자

3차원 기하창의 기둥과 뿔 도구상자는 3차원에서 각뿔, 각기둥, 원뿔, 원기둥을 그리기 위한 도구를 제공한다.

1		각뿔
2		각기둥
3		각뿔이나 원뿔로 끌어내기
4		각기둥이나 원기둥으로 끌어내기

기둥과 뿔 도구상자 예제 1

삼각형 다각형1 , 점 D 가 주어졌을 때, 삼각형을 밑면으로 하고 점 D 를 꼭짓점으로 하는 각뿔을 만드시오.

- 각뿔 도구를 선택한 후, 점 D , 삼각형 다각형1 을 차례로 클릭 하면 삼각형을 밑면으로 하고 점 D 를 꼭짓점으로 하는 각뿔이 나타난다.

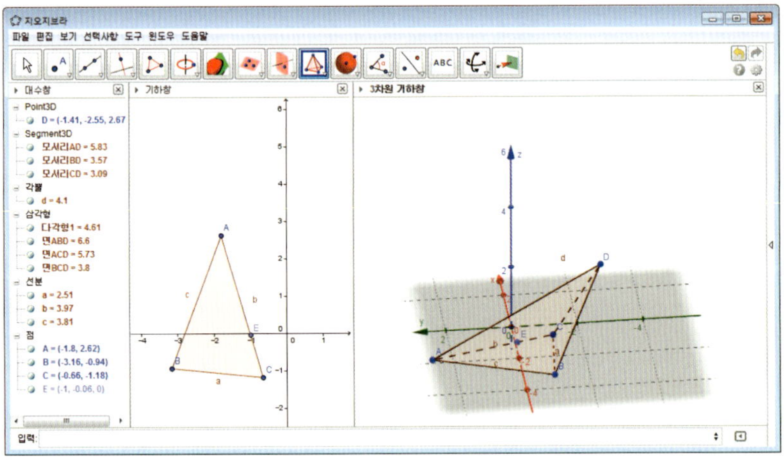

기둥과 뿔 도구상자 예제 2

삼각형 다각형1 , 점 D 가 주어졌을 때, 삼각형을 밑면으로 하고 윗면의 한 꼭짓점이 점 D 인 각기둥을 만드시오.

- 각기둥 도구를 선택한 후, 삼각형 다각형1 , 점 D 를 차례로 클릭 하면 삼각형을 밑면으로 하고 윗면의 한 꼭짓점이 점 D 인 각기둥이 나타난다.

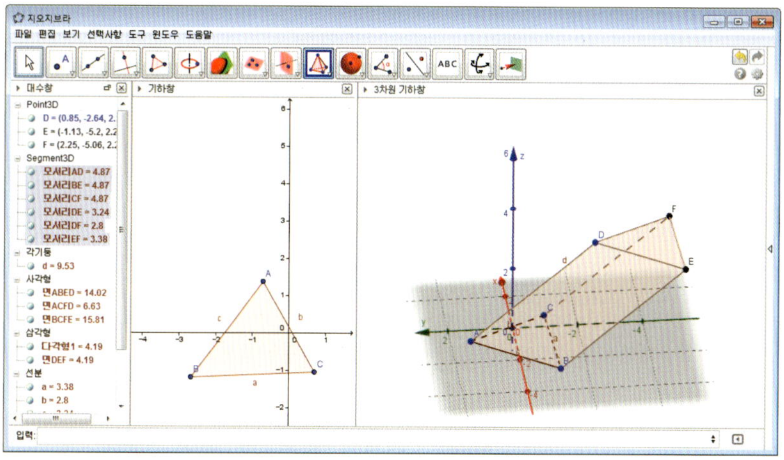

기둥과 뿔 도구상자 예제 3

삼각형 다각형1 이 주어졌을 때, 삼각형을 밑면으로 하는 각뿔을 만드시오.

- 각뿔이나 원뿔로 끌어내기 도구를 선택한 후, 삼각형 다각형1 을 클릭 후 드래그하면 삼각형을 밑면으로 하는 각뿔이 나타난다.

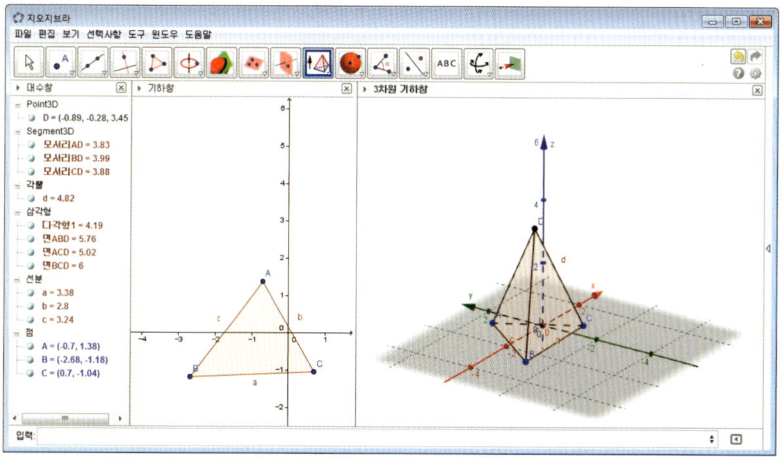

기둥과 뿔 도구상자 예제 4

원 c 가 주어졌을 때, 원 c 를 밑면으로 하는 원기둥을 만드시오.

- 각기둥이나 원기둥으로 끌어내기 도구를 선택한 후, 원 c 를 클릭 후 드래그하면 원 c 를 밑면으로 하는 원기둥이 나타난다.

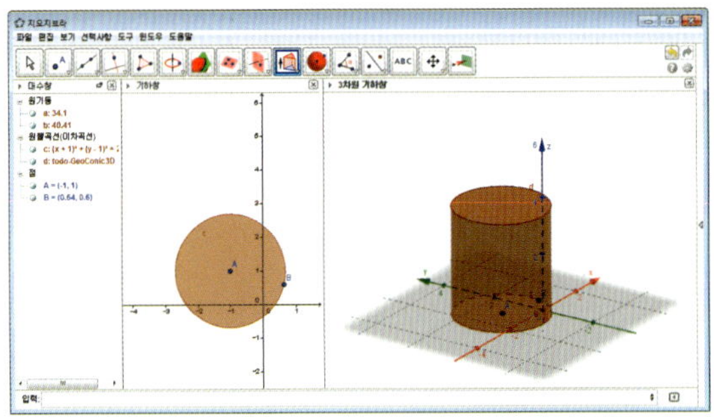

구 도구상자

3차원 기하창의 구 도구상자는 3차원에서 구를 그리기 위한 도구를 제공한다.

1	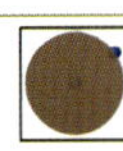	중심이 있고, 한 점을 지나는 구
2		중심과 반지름이 있는 구

구 도구상자 예제 1

점 A , B 가 주어졌을 때, 점 A 를 중심으로 하고 점 B 를 지나는 구를 만드시오.

- 중심이 있고, 한점을 지나는 구 도구를 선택한 후, 점 A , B 를 차례로 클릭 하면 점 A 를 중심으로 하고 점 B 를 지나는 구가 나타난다.

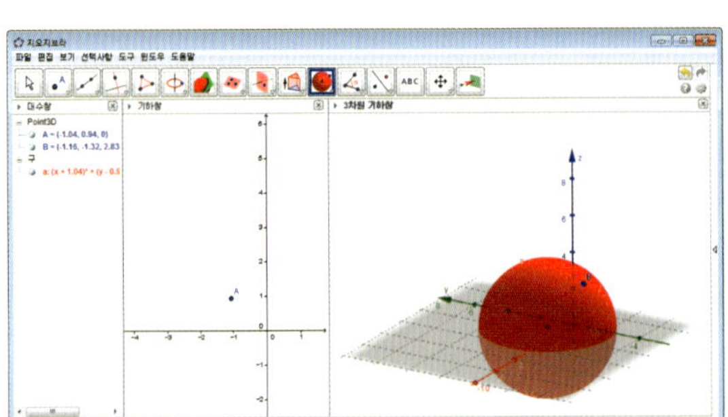

구 도구상자 예제 2

점 A 가 주어졌을 때, 점 A 를 중심으로 하고 반지름이 3인 구를 만드시오.

① 중심과 반지름이 있는 구 도구를 선택한 후, 점 A 를 클릭하면 반지름을 묻는 대화상자가 나타난다.

② 대화상자에 3을 입력한 후 확인 을 클릭하면, 점 A 를 중심으로 하고 반지름이 3인 구가 나타난다.

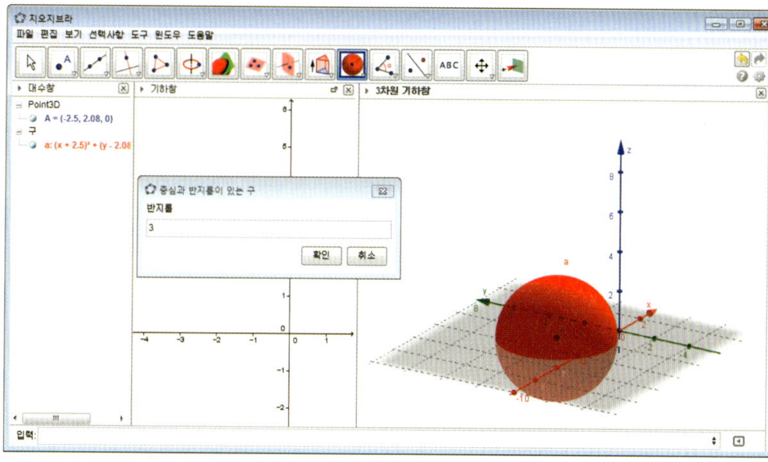

보조 도구상자

시점 도구상자

3차원 기하창의 시점 도구상자는 3차원에서 시점을 변경하기 위한 도구를 제공한다.

1		3차원 기하창 회전
2		선택 방향으로 보기

시점 도구상자 예제

직선 b 가 주어졌을 때, 직선 b 방향으로 시점을 이동하시오.

1. 선택 방향으로 보기 도구를 선택한 후, 직선 b 에 가까이 가면 시점 방향을 나타내는 화살표가 나타난다.

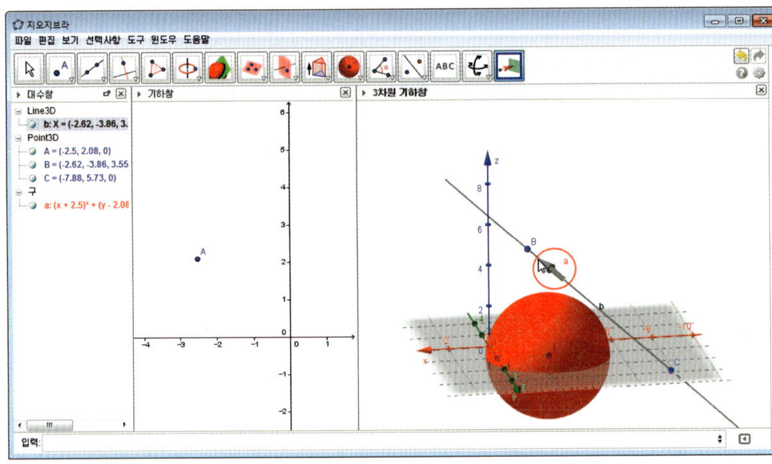

2. 직선 b 를 클릭 하면 시점이 이동한다.

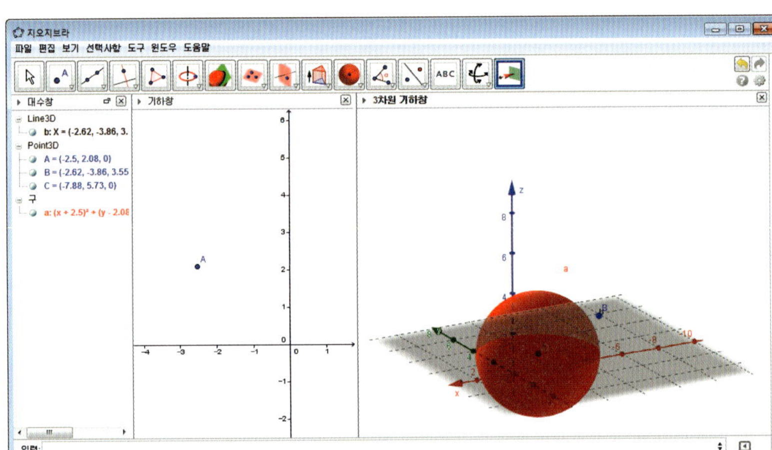

3
3차원 기하 명령

지오지브라의 입력창에 명령을 입력하면 3차원 수학적 대상을 구성할 수 있다. 이 장에서는 3차원 대상을 구성하기 위해 필요한 명령들을 알아본다.

3.1 점과 벡터

점

입력창에 순서쌍을 입력하면 3차원 기하창에 점을 정의할 수 있다. 예를 들어, 3차원 기하창에 좌표가 `( 1 , 2 , 3 )` 인 점을 정의하려면 입력창에 다음과 같이 입력한다.

```
( 1 , 2 , 3 )
```

만일, 3차원 기하창에 이름이 `A` 이며 좌표가 `( 1 , 2 , 3 )` 인 점을 정의하려면 입력창에 다음과 같이 입력한다.

```
A = ( 1 , 2 , 3 )
```

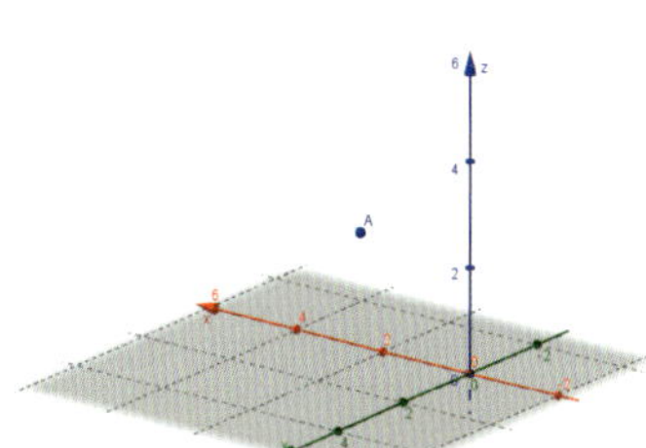

그림 3.1: 좌표 `( 1 , 2 , 3 )` 에 정의된 점

벡터 명령과 벡터

입력창에 벡터 명령을 입력하면 3차원 기하창에서 벡터를 정의할 수 있다. 3차원 기하창에서 벡터를 정의하기 위한 벡터 명령의 문법은 다음과 같다.[1]

```
벡터[ 점 ]
벡터[ 시작점 , 끝점 ]
```

예를 들어, 3차원 기하창에 끝점의 좌표가 (1 , 2 , 3) 인 위치벡터를 정의하려면 입력창에 다음과 같이 입력한다.

```
벡터[ ( 1 , 2 , 3 ) ]
```

만일, 3차원 기하창에 이름이 u 이며 끝점의 좌표가 (1 , 2 , 3) 인 위치벡터를 정의하려면 입력창에 다음과 같이 입력한다.[2]

```
u = ( 1 , 2 , 3 )
```

3차원 기하창에 시작점의 좌표가 (1 , 2 , 3) 이고 끝점의 좌표가 (2 , 4 , 3) 인 벡터를 정의하려면 입력창에 다음과 같이 입력한다.

```
벡터[ ( 1 , 2 , 3 ) , ( 2 , 4 , 3 ) ]
```

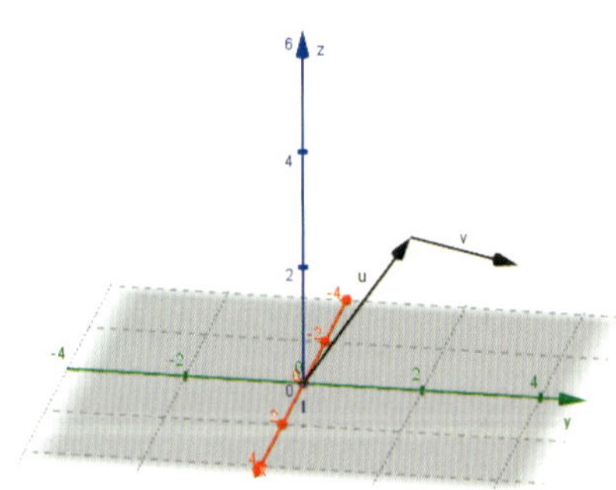

그림 3.2: 벡터 명령으로 정의된 3차원 벡터

[1]우리말 명령어인 벡터[] 대신, 영어 명령어인 Vector[] 를 사용하는 것도 가능하다.

[2]지오지브라에서 이름을 대문자로 하면 점이 정의되고, 이름을 소문자로 하면 벡터가 정의된다.

내적

3차원 기하창에 벡터 u = (1 , 2 , 3), v = (3 , 1 , 2) 가 주어졌을 때, 벡터 u 와 v 의 내적 을 구하려면 입력창에 다음과 같이 입력한다.

```
u v
```

[실행결과]
11

외적 명령 (CAS)

CAS 셀에 외적 명령을 입력하면 3차원 벡터의 외적을 구할 수 있다. 3차원 벡터의 외적을 구하기 위한 외적 명령의 문법은 다음과 같다.[3]

```
외적[ 점 , 점 ]
외적[ 벡터 , 벡터 ]
```

예를 들어, 끝점이 (1 , 2 , 3) 과 (3 , 1 , 2) 인 위치벡터의 외적을 구하려면, CAS 셀에 다음과 같이 입력한다.

```
외적[ ( 1 , 2 , 3 ) , ( 3 , 1 , 2 ) ]
```

[실행결과]
(1, 7, −5)

단위벡터 명령 (CAS)

CAS 셀에 단위벡터 명령을 입력하면 주어진 3차원 벡터의 단위벡터를 구할 수 있다.

[3]우리말 명령어인 외적[] 대신, 영어 명령어인 Cross[] 를 사용하는 것도 가능하다.

주어진 3차원 벡터의 단위벡터를 구하기 위한 단위벡터 명령의 문법은 다음과 같다.[4]

```
단위벡터[ 벡터 ]
```

예를 들어, 벡터 u = (1 , 2 , 3) 이 주어졌을 때, 벡터 u 의 단위벡터를 구하려면 CAS 셀에 다음과 같이 입력한다.

```
단위벡터[ u ]
```

[실행결과]

$$\left(\frac{\sqrt{14}}{14}, \frac{\sqrt{14}}{7}, 3 \cdot \frac{\sqrt{14}}{14}\right)$$

3.2 직선 명령

직선 명령

입력창에 직선 명령을 입력하면 3차원 기하창에서 직선을 그릴 수 있다. 3차원 기하창에서 직선을 그리기 위한 직선 명령의 문법은 다음과 같다.[5]

```
직선[ 점 , 점 ]
직선[ 점 , 평행한 직선 ]
직선[ 점 , 방향 벡터 ]
```

예를 들어, 3차원 기하창에 주어진 두 점 A , B 를 지나는 직선을 그리려면 입력창에 다음과 같이 입력한다.

```
직선[ A , B ]
```

[4]우리말 명령어인 단위벡터[] 대신, 영어 명령어인 UnitVector[] 를 사용하는 것도 가능하다.
[5]우리말 명령어인 직선[] 대신, 영어 명령어인 Line[] 을 사용하는 것도 가능하다.

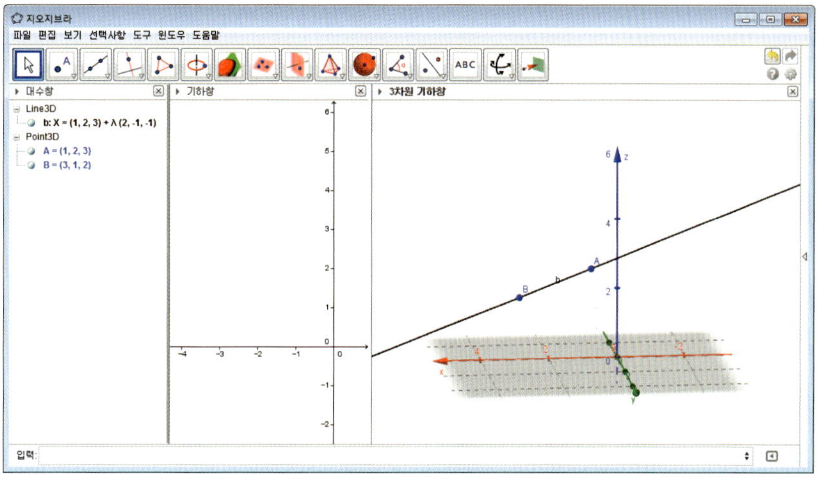

그림 3.3: 점 A 와 B 를 지나는 직선

만일, 3차원 기하창에 점 A 와 직선 a 가 주어졌을 때, 직선 a 에 평행하면서 점 A 를 지나는 직선을 그리려면 입력창에 다음과 같이 입력한다.

```
직선[ A , a ]
```

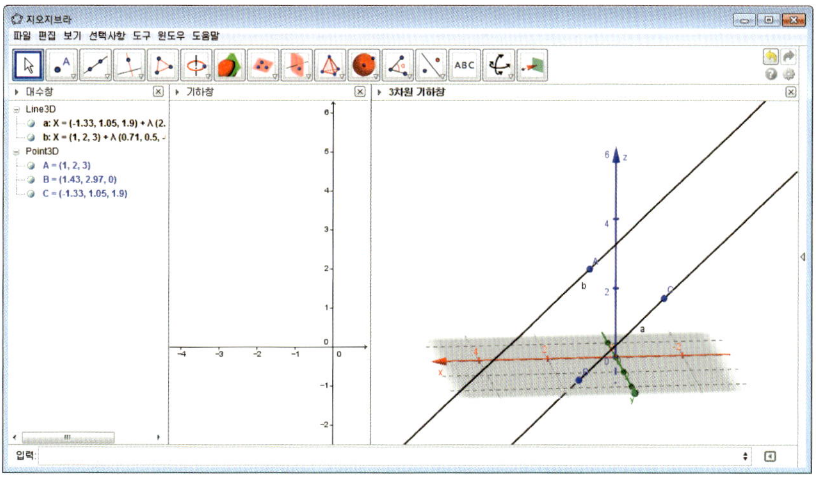

그림 3.4: 직선 a 에 평행하면서 점 A 를 지나는 직선

또한, 3차원 기하창에 점 A 와 벡터 u 가 주어졌을 때, 벡터 u 에 평행하면서 점 A 를 지나는 직선을 그리려면 입력창에 다음과 같이 입력한다.

```
직선[ A , u ]
```

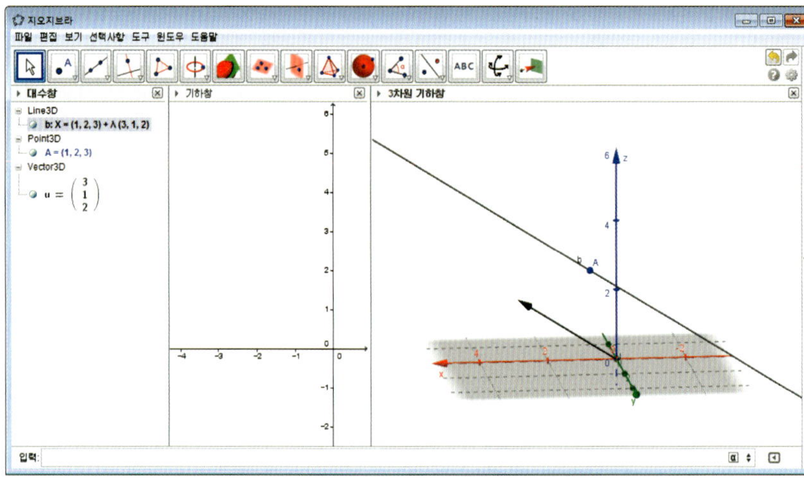

그림 3.5: 벡터 u 에 평행하면서 점 A 를 지나는 직선

반직선 명령

입력창에 반직선 명령을 입력하면 3차원 기하창에서 반직선을 그릴 수 있다. 3차원 기하창에서 반직선을 그리기 위한 반직선 명령의 문법은 다음과 같다.[6]

```
반직선[ 시작점 , 점 ]
```

예를 들어, 3차원 기하창에 두 점 A , B 가 주어졌을 때, 점 A 에서 시작하여 점 B 를 지나는 반직선을 그리려면 입력창에 다음과 같이 입력한다.

```
반직선[ A , B ]
```

[6] 우리말 명령어인 반직선[] 대신, 영어 명령어인 Ray[] 를 사용하는 것도 가능하다.

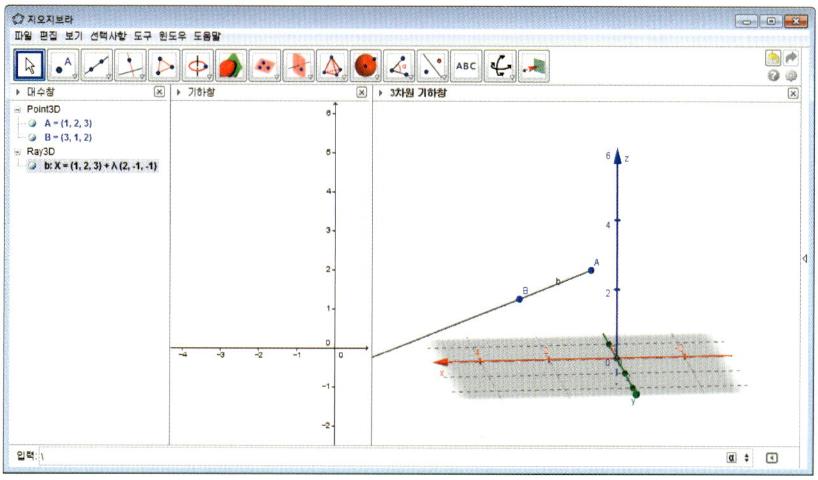

그림 3.6: 점 A 에서 시작하여 점 B 를 지나는 반직선

선분 명령

입력창에 선분 명령을 입력하면 3차원 기하창에서 선분을 그릴 수 있다. 3차원 기하창에서 선분을 그리기 위한 선분 명령의 문법은 다음과 같다.[7]

```
선분[ 점 , 점 ]
```

예를 들어, 3차원 기하창에 두 점 A , B 가 주어졌을 때, 두 점을 양 끝점으로 하는 선분을 그리려면 입력창에 다음과 같이 입력한다.

```
선분[ A , B ]
```

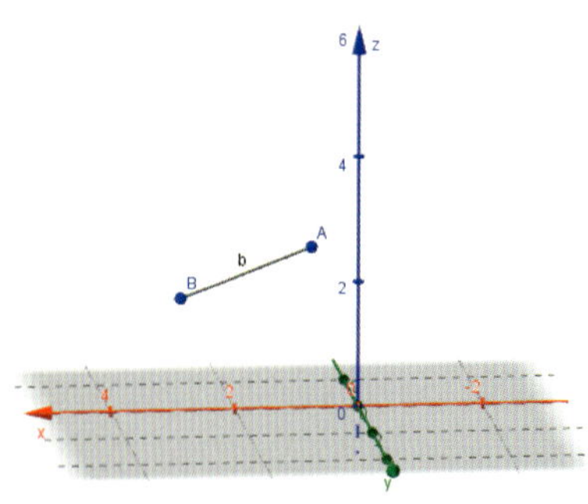

그림 3.7: 주어진 두 점 A , B 를 양 끝점으로 하는 선분

[7]우리말 명령어인 선분[] 대신, 영어 명령어인 Segment[] 를 사용하는 것도 가능하다.

3.3 곡선 명령

원 명령

입력창에 원 명령을 입력하면 3차원 기하창에서 원을 그릴 수 있다. 3차원 기하창에서 원을 그리기 위한 원 명령의 문법은 다음과 같다.[8]

```
원[ 점 , 반지름 ]
원[ 점 , 선분 ]
원[ 직선 , 점 ]
원[ 점 , 점 , 점 ]
원[ 점 , 반지름 , 방향 ]
```

예를 들어, 3차원 기하창에 점 A 를 중심으로 반지름이 3이며 xy 평면에 평행한 원을 그리려면 입력창에 다음과 같이 입력한다.

```
원[ A , 3 ]
```

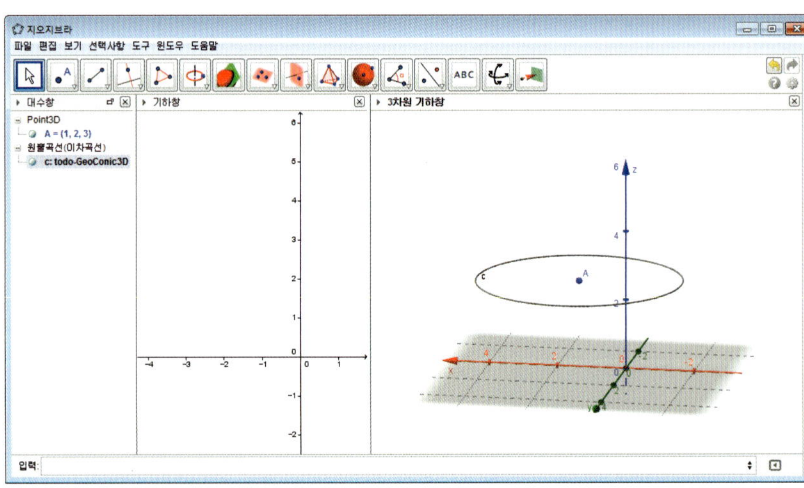

그림 3.8: 점 A 를 중심으로 반지름이 3이며 xy 평면에 평행한 원

[8]우리말 명령어인 원[] 대신, 영어 명령어인 Circle[] 을 사용하는 것도 가능하다.

만일, 3차원 기하창에 점 A 를 중심으로 하고 반지름은 선분 a 의 길이로 하며 xy 평면에 평행한 원을 그리려면 입력창에 다음과 같이 입력한다.

```
원[ A , a ]
```

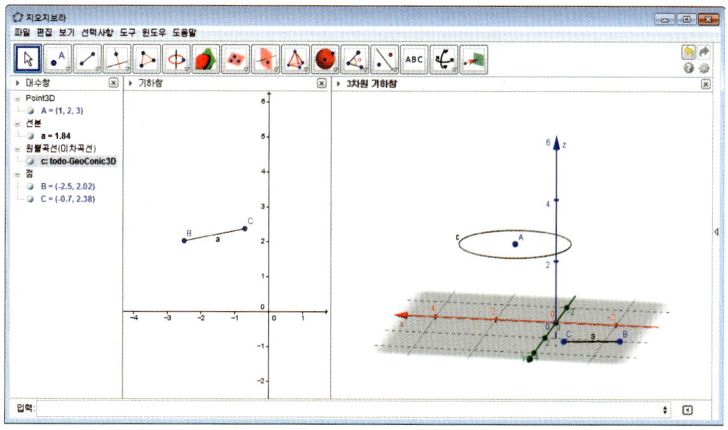

그림 3.9: 점 A 를 중심으로 반지름이 선분 a 의 길이이며 xy 평면에 평행한 원

또한, 3차원 기하창에 직선 a 의 방향에 수직이며 점 A 를 지나는 원을 그리려면 입력창에 다음과 같이 입력한다.

```
원[ a , A ]
```

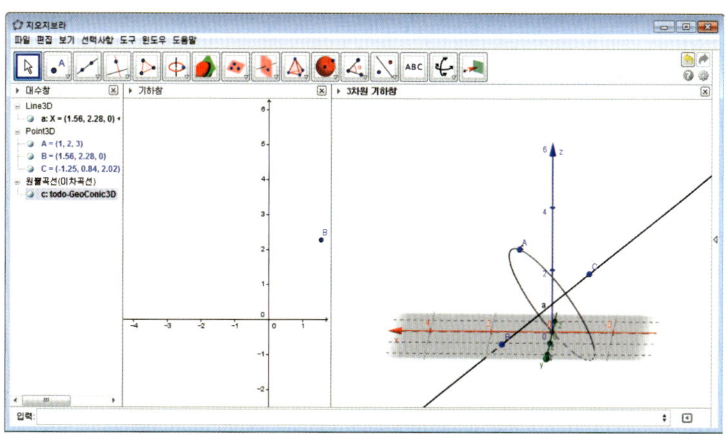

그림 3.10: 직선 a 에 수직이며 점 A 를 지나는 직선

3차원 기하창에 주어진 세 점 A , B , C 를 지나는 원을 그리려면 입력창에 다음과 같이 입력한다.

```
원[ A , B , C ]
```

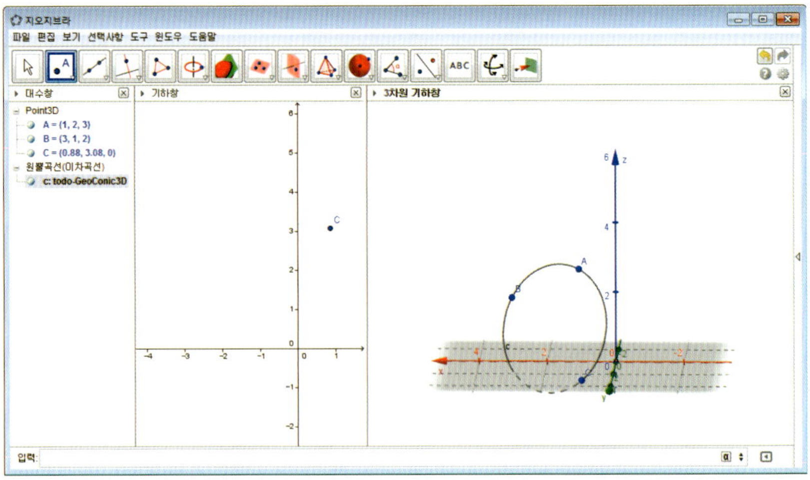

그림 3.11: 주어진 세 점 A , B , C 를 지나는 원

3차원 기하창에 점 A 를 중심으로 하고 반지름이 3이며 벡터 u 에 수직인 원을 그리려면 입력창에 다음과 같이 입력한다.

```
원[ A , 3 , u ]
```

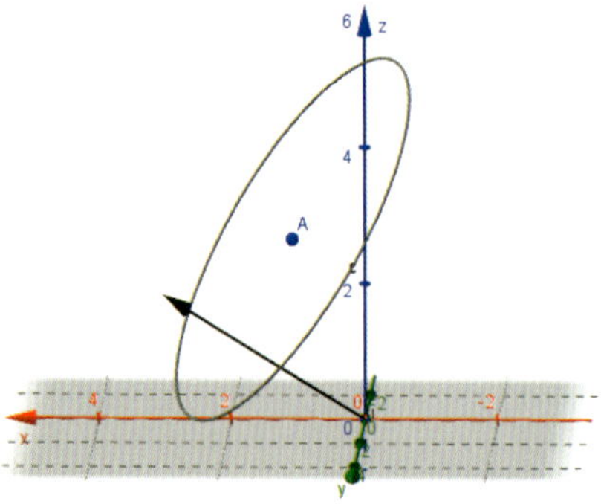

그림 3.12: 점 A 를 중심으로 하고 반지름이 3이며 벡터 u 에 수직인 원

곡선 명령

입력창에 곡선 명령을 입력하면 3차원 기하창에서 곡선을 그릴 수 있다. 3차원 기하창에서 곡선을 그리기 위한 곡선 명령의 문법은 다음과 같다.[9]

```
곡선[ x좌표의 식 , y좌표의 식 , z좌표의 식 , 매개변수 , 처음값 , 마지막값 ]
```

예를 들어, 3차원 기하창에 범위가 0 부터 10π 까지인 매개변수 t 에 대하여 점 (cos(t) , sin(t) , t) 가 지나는 경로를 그리려면 입력창에 다음과 같이 입력한다.

```
곡선[ cos(t) , sin(t) , t , t , 0 , 10 pi ]
```

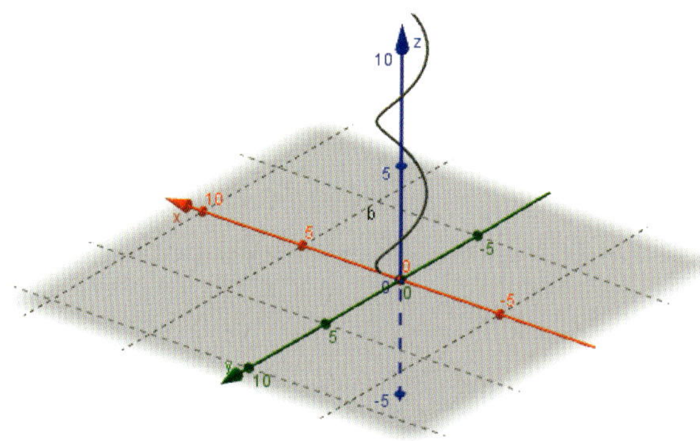

그림 3.13: 점 (cos(t) , sin(t) , t) 가 지나는 경로를 그린 곡선

교선 명령

입력창에 교선 명령을 입력하면 3차원 기하창에서 두 대상의 교선을 구할 수 있다. 3차원 기하창에서 두 대상의 교선을 구하기 위한 교선 명령의 문법은 다음과 같다.[10]

```
교선[ 직선 , 다각형 ]
교선[ 곡면 , 평면 ]
```

[9]우리말 명령어인 곡선[] 대신, 영어 명령어인 Curve[] 를 사용하는 것도 가능하다.
[10]우리말 명령어인 교선[] 대신, 영어 명령어인 IntersectPath[] 를 사용하는 것도 가능하다.

예를 들어, 3차원 기하창에 직선 a 와 사각형 다각형1 이 주어졌을 때 두 대상의 교선을 구하려면 입력창에 다음과 같이 입력한다.

```
교선[ a , 다각형1 ]
```

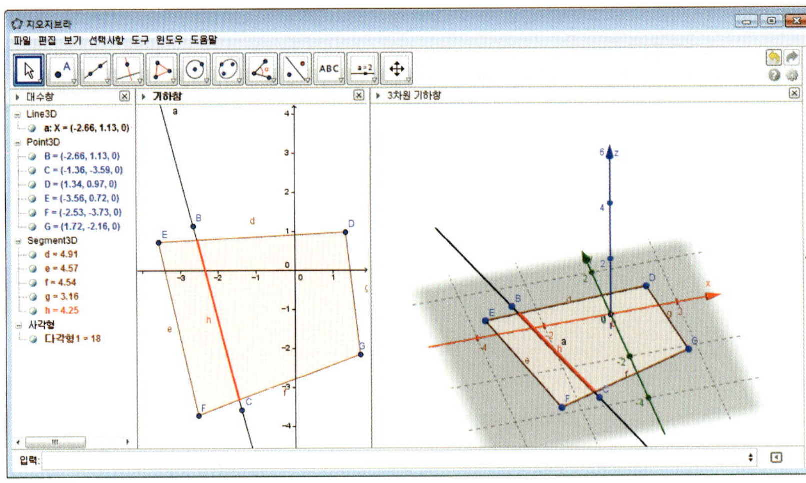

그림 3.14: 직선 a 와 사각형 다각형1 의 교선

수직선 명령

입력창에 수직선 명령을 입력하면 3차원 기하창에서 점과 직선, 벡터 간의 수직선을 구할 수 있다. 3차원 기하창에서 수직선을 구하기 위한 수직선 명령의 문법은 다음과 같다.[11]

```
수직선[ 점 , 직선 ]
수직선[ 점 , 선분 ]
수직선[ 점 , 벡터 ]
수직선[ 점 , 평면 ]
수직선[ 직선 , 직선 ]
수직선[ 점 , 벡터 , 벡터 ]
수직선[ 점 , 직선 , 직선 ]
수직선[ 점 , 직선 , 환경(xOy 또는 3차원 공간) ]
```

[11]우리말 명령어인 수직선[] 대신, 영어 명령어인 PerpendicularLine[] 을 사용하는 것도 가능하다.

예를 들어, 3차원 기하창에 점 A 와 직선 a 가 주어졌을 때, 점 A 를 지나고 직선 a 에 수직인 직선을 구하려면 입력창에 다음과 같이 입력한다.

```
수직선[ A , a ]
```

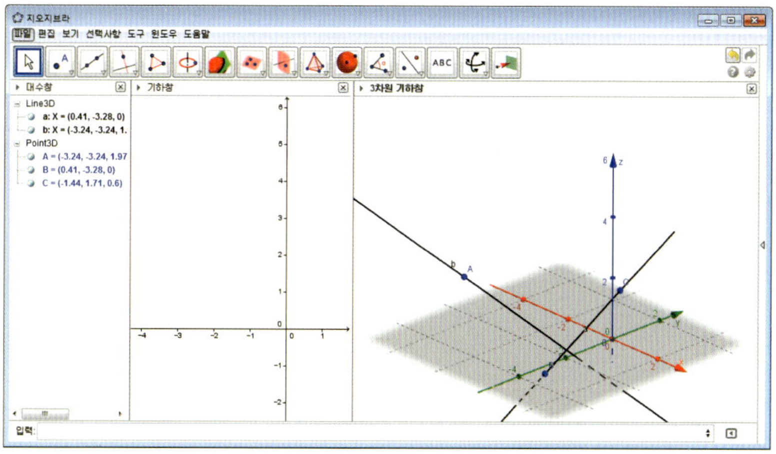

그림 3.15: 점 A 를 지나고 직선 a 에 수직인 직선

만일, 3차원 기하창에 점 A 와 평면 a 가 주어졌을 때, 점 A 를 지나고 평면 a 에 수직인 직선을 구하려면 입력창에 다음과 같이 입력한다.

```
수직선[ A , a ]
```

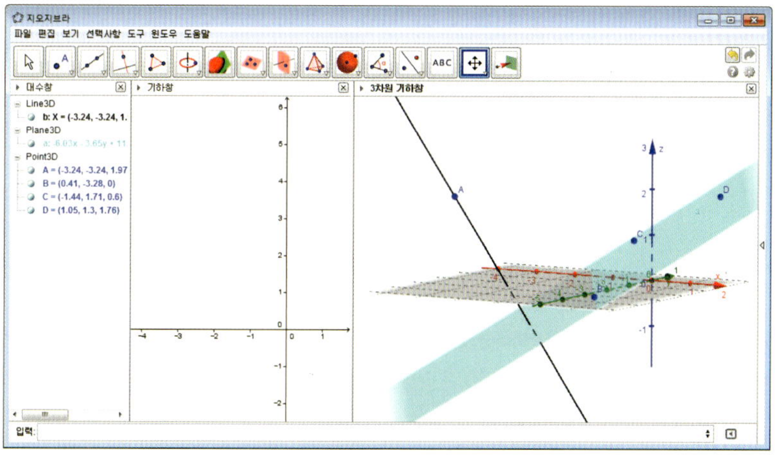

그림 3.16: 점 A 를 지나고 평면 a 에 수직인 직선

또한, 3차원 기하창에 점 A 를 지나고 직선 a , b 에 수직인 직선을 구하려면 입력창에 다음과 같이 입력한다.

```
수직선[ A , a , b ]
```

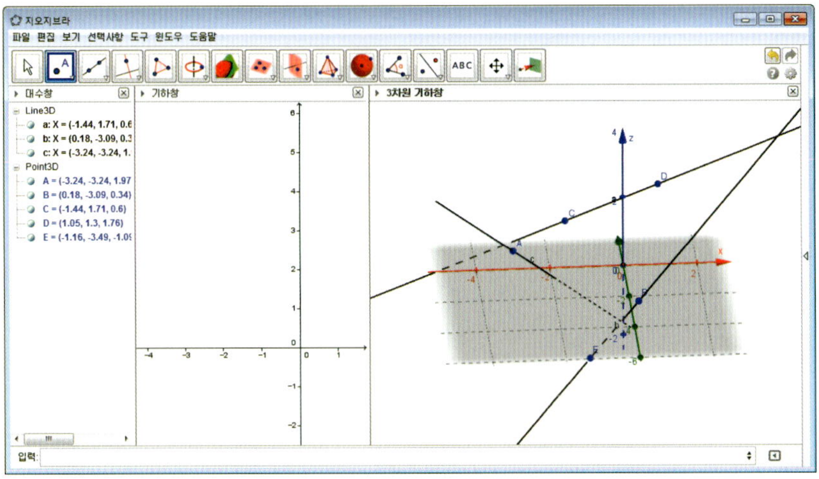

그림 3.17: 점 A 를 지나고 직선 a , b 에 수직인 직선

3.4 평면 명령

평면 명령

입력창에 **평면** 명령을 입력하면 3차원 기하창에 평면을 그릴 수 있다. 3차원 기하창에서 평면을 그리기 위한 **평면** 명령의 문법은 다음과 같다.[12]

```
평면[ 점 , 평면 ]
평면[ 점 , 직선 ]
평면[ 점 , 점 , 점 ]
```

[12]우리말 명령어인 **평면[]** 대신, 영어 명령어인 Plane[] 을 사용하는 것도 가능하다.

예를 들어, 3차원 기하창에 점 A 와 평면 a 가 주어졌을 때, 점 A 를 포함하면서 평면 a 와 평행한 평면을 그리려면 입력창에 다음과 같이 입력한다.

```
평면[ A , a ]
```

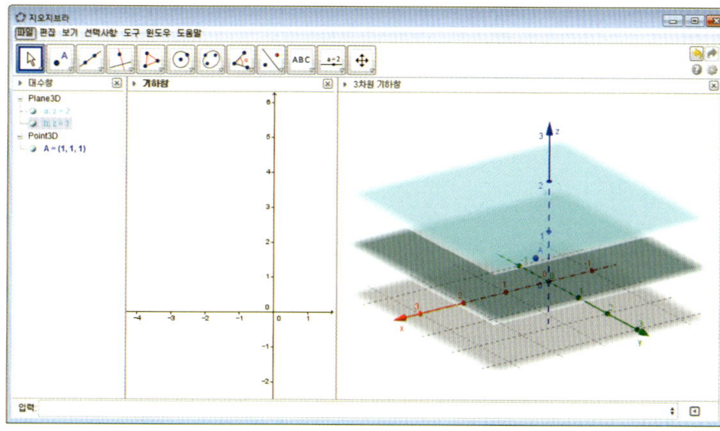

그림 3.18: 점 A 를 포함하면서 평면 a 와 평행한 평면

만일, 점 A 와 직선 a 가 주어졌을 때, 점 A 와 직선 a 를 함께 포함하는 평면을 그리려면 입력창에 다음과 같이 입력한다.

```
평면[ A , a ]
```

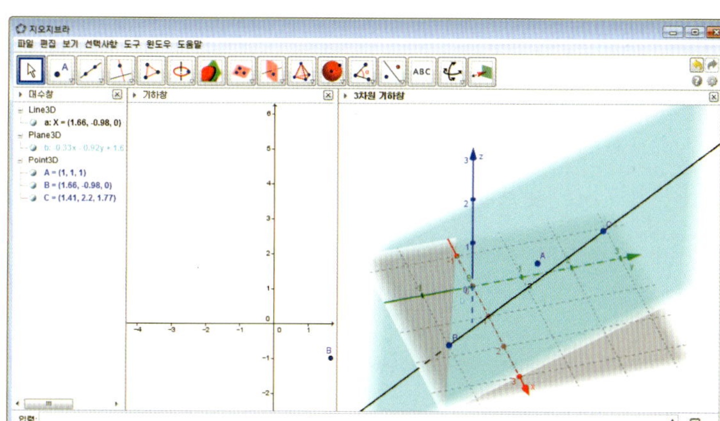

그림 3.19: 점 A 와 직선 a 를 함께 포함하는 평면

또한, 세 점 A, B, C 가 주어졌을 때, 세 점을 포함하는 평면을 그리려면 입력창에 다음과 같이 입력한다.

```
평면[ A , B , C ]
```

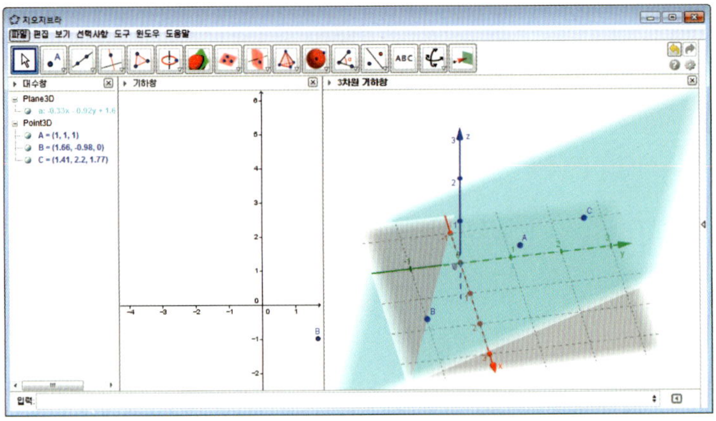

그림 3.20: 세 점 A, B, C 를 포함하는 평면

수직평면 명령

입력창에 수직평면 명령을 입력하면 3차원 기하창에서 한 점을 포함하면서 직선이나 벡터에 수직인 평면을 구할 수 있다.[13] 3차원 기하창에서 수직평면을 구하기 위한 수직평면 명령의 문법은 다음과 같다.[14]

```
수직평면[ 점 , 직선 ]
수직평면[ 점 , 벡터 ]
```

예를 들어, 3차원 기하창에 점 A 와 직선 a 가 주어졌을 때, 점 A 를 포함하면서 직선 a 와 수직인 평면을 구하려면 입력창에 다음과 같이 입력한다.

```
수직평면[ A , a ]
```

[13]지금까지도 수직평면 이라는 용어보다는 법평면 이라는 용어가 더 많이 쓰이는 것 같다. 그러나 의미전달의 측면에서 법평면 보다는 수직평면 이 더 낫다고 여겨져 수직평면 으로 번역하였다.

[14]우리말 명령어인 수직평면[] 대신, 영어 명령어인 PerpendicularPlane[] 을 사용하는 것도 가능하다.

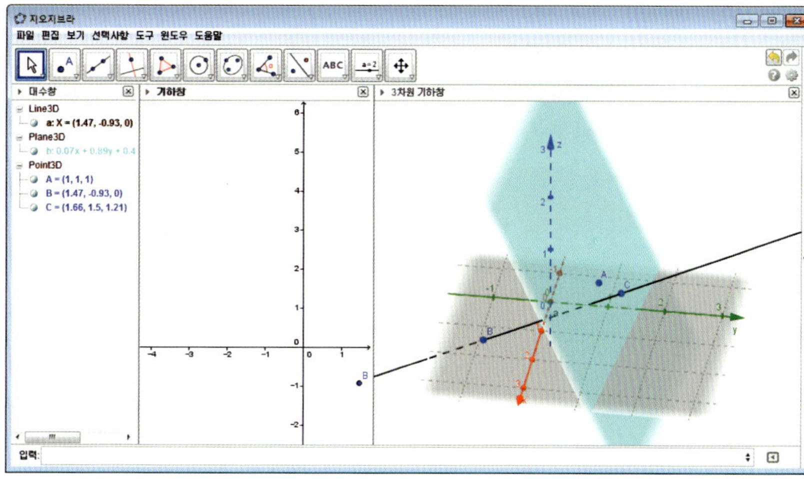

그림 3.21: 점 A 를 포함하면서 직선 a 와 수직인 평면

만일, 점 A 와 벡터 u 가 주어졌을 때, 점 A 를 포함하면서 벡터 u 에 수직인 평면을 구하려면 입력창에 다음과 같이 입력한다.

```
수직평면[ A , u ]
```

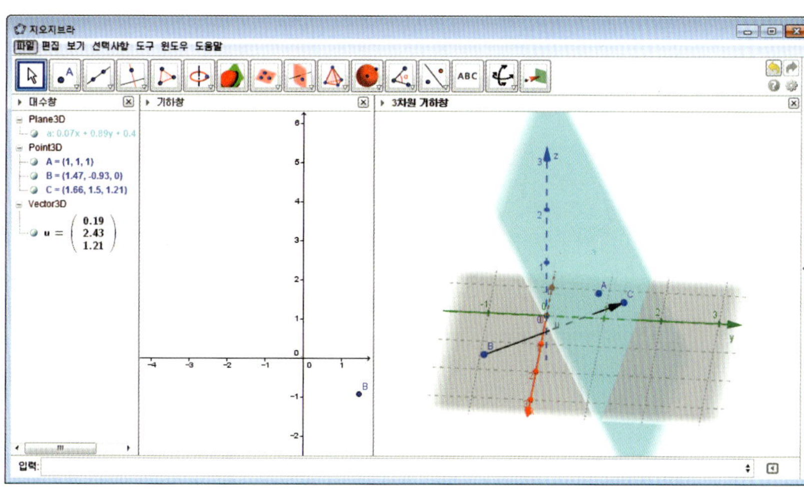

그림 3.22: 점 A 를 포함하면서 벡터 u 에 수직인 평면

이등분평면 명령

입력창에 이등분평면 명령을 입력하면 3차원 기하창의 두 점을 양 끝점으로 하는 선분을 이등분하면서 선분에 수직인 평면을 만들 수 있다. 3차원 기하창에서 이등분평면을 구하기 위한 이등분평면 명령의 문법은 다음과 같다.[15]

```
이등분평면[ 점 , 점 ]
```

예를 들어, 3차원 기하창에 점 A , B 가 주어졌을 때, 선분 AB 를 이등분하면서 선분에 수직인 평면을 구하려면 입력창에 다음과 같이 입력한다.

```
이등분평면[ A , B ]
```

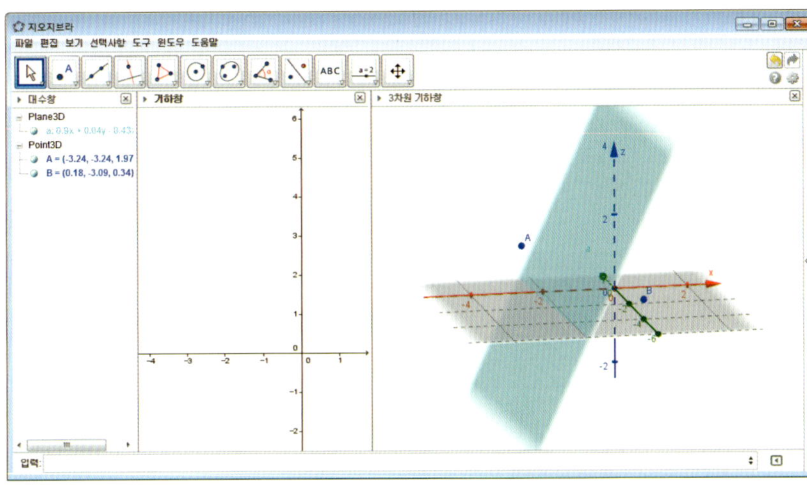

그림 3.23: 선분 AB 를 이등분하면서 선분에 수직인 평면

[15]우리말 명령어인 이등분평면[] 대신, 영어 명령어인 PlaneBisector[] 를 사용하는 것도 가능하다.

3.5 곡면 명령

구 명령

입력창에 **구** 명령을 입력하면 3차원 기하창에서 한 점을 중심으로 하고 반지름이 있는 구를 그릴 수 있다. 3차원 기하창에서 구를 그리기 위한 **구** 명령의 문법은 다음과 같다.[16]

```
구[ 점 , 반지름 ]
```

예를 들어, 3차원 기하창에 점 A 가 주어졌을 때, 점 A 를 중심으로 하고 반지름이 3인 구를 그리려면 입력창에 다음과 같이 입력한다.

```
구[ A , 3 ]
```

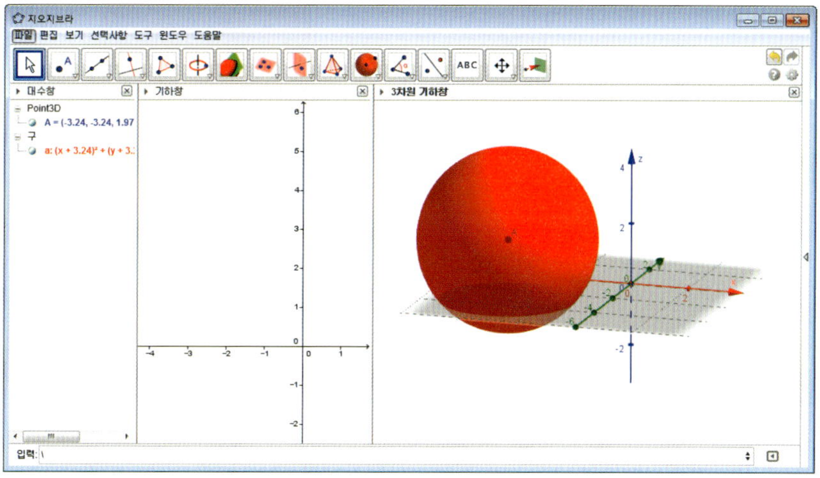

그림 3.24: 점 A 를 중심으로 하고 반지름이 3인 구

[16]우리말 명령어인 구[] 대신, 영어 명령어인 Sphere[] 를 사용하는 것도 가능하다.

곡면 명령

입력창에 곡면 명령을 입력하면 3차원 기하창에 곡면을 그릴 수 있다. 3차원 기하창에서 곡면을 그리기 위한 곡면 명령의 문법은 다음과 같다.[17]

```
곡면[ x(u, v) , y(u, v) , z(u, v) , u , u의 최솟값 , u의 최댓값 ,
      v , v의 최솟값 , v의 최댓값 ]
```

예를 들어, 3차원 기하창에 곡면 $X = \{(\sin(u)\cos(v), \cos(u)\sin(v), uv) | u \in [0, 2\pi], v \in [0, 2\pi]\}$ 를 그리려면 입력창에 다음과 같이 입력한다.

```
곡면[ sin(u) cos(v) , cos(u) sin(v) , u v , u , 0 , 2 pi , v , 0 , 2 pi ]
```

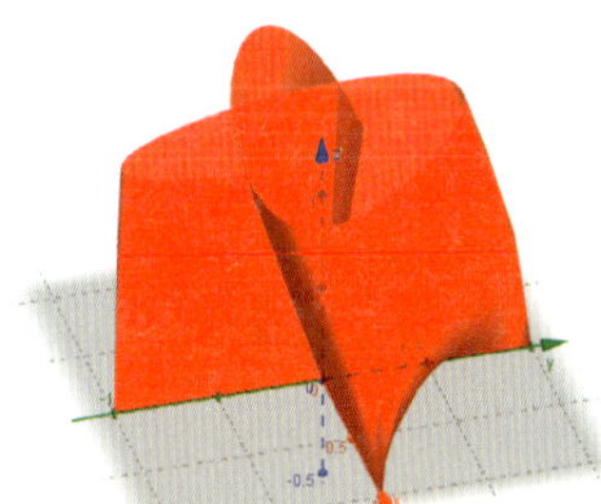

그림 3.25: 곡면 $X = \{(\sin(u)\cos(v), \cos(u)\sin(v), uv) | u \in [0, 2\pi], v \in [0, 2\pi]\}$

3.6 기둥과 뿔 명령

각기둥 명령

입력창에 각기둥 명령을 입력하면 3차원 기하창에 각기둥을 만들 수 있다. 3차원 기하창에서 각기둥을 만들기 위한 각기둥 명령의 문법은 다음과 같다.[18]

```
각기둥[ 다각형 , 높이 ]
각기둥[ 점 , 점 , 점 , ... ]
```

[17] 우리말 명령어인 곡면[] 대신, 영어 명령어인 Surface[] 를 사용하는 것도 가능하다.
[18] 우리말 명령어인 각기둥[] 대신, 영어 명령어인 Prism[] 을 사용하는 것도 가능하다.

예를 들어, 3차원 기하창에 점 A , B , C 로 이루어진 삼각형 다각형1 을 밑면으로 하고 높이가 3 인 각기둥을 만들려면 입력창에 다음과 같이 입력한다.

```
각기둥[ 다각형1 , 3 ]
```

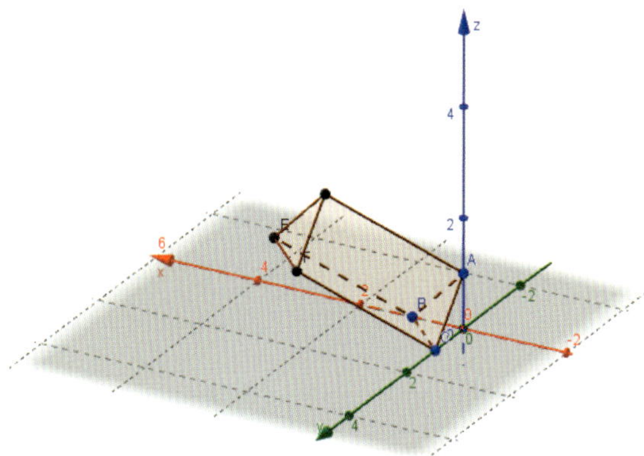

그림 3.26: 삼각형 다각형1 을 밑면으로 하고 높이가 3 인 각기둥

만일, 3차원 기하창에 점 A , B , C , D 가 주어졌을 때, 삼각형 ABC 를 밑면으로 하고 삼각형 ABC 를 포함한 평면으로부터 점 D 까지의 거리를 높이로 하는 각기둥을 만들려면 입력창에 다음과 같이 입력한다.

```
각기둥[ A , B , C , D ]
```

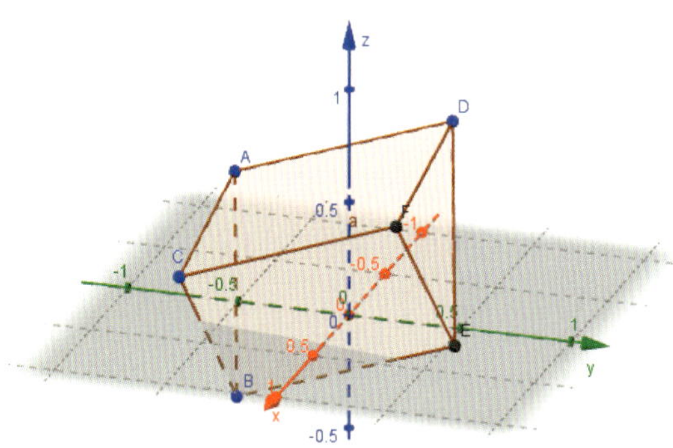

그림 3.27: 삼각형 ABC 를 밑면으로 하고 삼각형 ABC 를 포함한 평면으로부터 점 D 까지의 거리를 높이로 하는 각기둥

원기둥 명령

입력창에 원기둥 명령을 입력하면 3차원 기하창에 원기둥을 만들 수 있다. 3차원 기하창에서 원기둥을 만들기 위한 원기둥 명령의 문법은 다음과 같다.[19]

```
원기둥[ 원 , 높이 ]
원기둥[ 점 , 점 , 반지름 ]
```

예를 들어, 3차원 기하창에 원 c 가 주어졌을 때, 원 c 를 밑면으로 하고 높이가 2인 원기둥을 만들려면 입력창에 다음과 같이 입력한다.

```
원기둥[ c , 2 ]
```

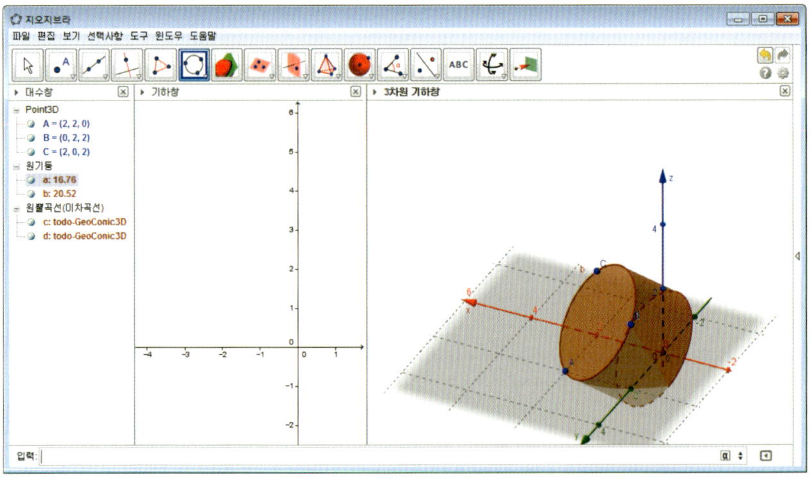

그림 3.28: 원 c 를 밑면으로 하고 높이가 2인 원기둥

만일, 3차원 기하창에 점 A , B 가 주어졌을 때, 두 점을 윗면과 아랫면의 원의 중심으로 하고 반지름이 2인 원기둥을 만들려면 입력창에 다음과 같이 입력한다.

```
원기둥[ A , B , 2 ]
```

[19] 우리말 명령어인 원기둥[] 대신, 영어 명령어인 Cylinder[] 를 사용하는 것도 가능하다.

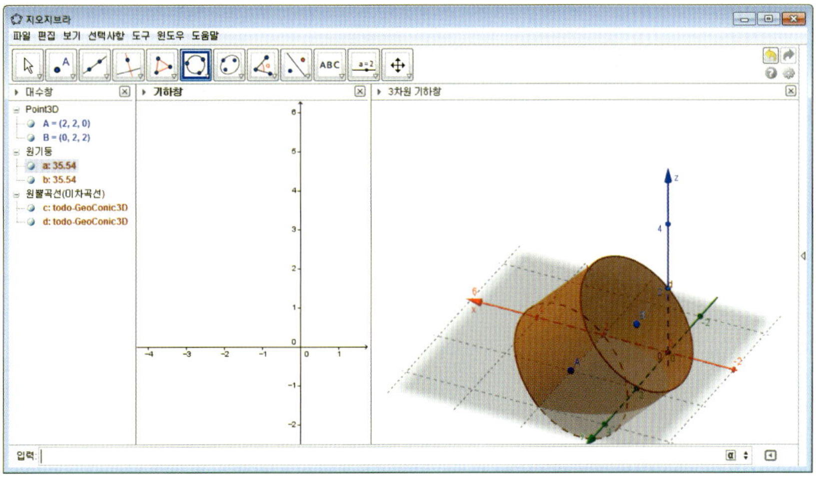

그림 3.29: 점 A , B 를 윗면과 아랫면의 원의 중심으로 하고 반지름이 2인 원기둥

높이 명령

입력창에 높이 명령을 입력하면 주어진 원뿔, 원기둥, 다면체의 높이를 구할 수 있다. 3차원 기하창에서 대상의 높이를 구하기 위한 높이 명령의 문법은 다음과 같다.[20]

```
높이[ 원뿔 ]
높이[ 원기둥 ]
높이[ 다면체 ]
```

예를 들어, 3차원 기하창에 A = (1 , 0 , 0) , B = (0 , 1 , 0) 을 잇는 선분을 한 변으로 하는 정12면체 a 가 주어졌을 때, 정12면체 a 의 높이를 구하려면 입력창에 다음과 같이 입력한다.

```
높이[ a ]
```

[실행결과]
3.15

[20] 우리말 명령어인 높이[] 대신, 영어 명령어인 Height[] 를 사용하는 것도 가능하다.

부피 명령

입력창에 부피 명령을 입력하면 3차원 기하창에 주어진 대상의 부피를 구할 수 있다. 3차원 기하창에서 대상의 부피를 구하기 위한 부피 명령의 문법은 다음과 같다.[21]

```
부피[ 대상 ]
```

예를 들어, 3차원 기하창에 반지름이 3인 구 a 가 주어졌을 때, 구 a 의 부피를 구하려면 입력창에 다음과 같이 입력한다.

```
부피[ a ]
```

[실행결과]
113.1

무한원기둥 명령

입력창에 무한원기둥 명령을 입력하면 3차원 기하창에서 무한원기둥을 만들 수 있다. 3차원 기하창에서 무한원기둥을 만들기 위한 무한원기둥 명령의 문법은 다음과 같다.[22]

```
무한원기둥[ 직선 , 반지름 ]
무한원기둥[ 점 , 벡터 , 반지름 ]
무한원기둥[ 점 , 점 , 반지름 ]
```

예를 들어, 3차원 기하창에 x축 을 중심으로 반지름이 3인 무한원기둥을 만들려면 입력창에 다음과 같이 입력한다.[23]

---

[21]우리말 명령어인 부피[] 대신, 영어 명령어인 Volume[] 을 사용하는 것도 가능하다.

[22]우리말 명령어인 무한원기둥[] 대신, 영어 명령어인 InfiniteCylinder[] 를 사용하는 것도 가능하다.

[23]이 예제에서는 직선을 x축 으로 선택하였다. 지오지브라에서는 좌표계의 3축을 각각 x축 , y축 , z축 으로 입력할 수 있다. 우리말로 된 축이름 대신, 영어 이름인 xAxis , yAxis , zAxis 를 사용하는 것도 가능하다.

```
무한원기둥[ x축 , 3 ]
```

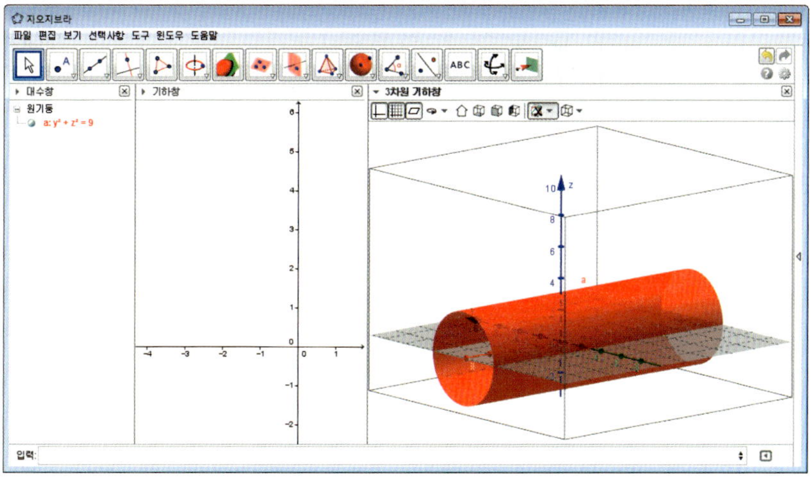

그림 3.30: x축 을 중심으로 반지름이 3인 무한원기둥

만일, 3차원 기하창에 점 A, 벡터 v 가 주어졌을 때, 점 A 를 중심으로 반지름이 3이며 벡터 v 방향으로 향하는 무한원기둥을 만들려면 입력창에 다음과 같이 입력한다.

```
무한원기둥[ A , v , 3 ]
```

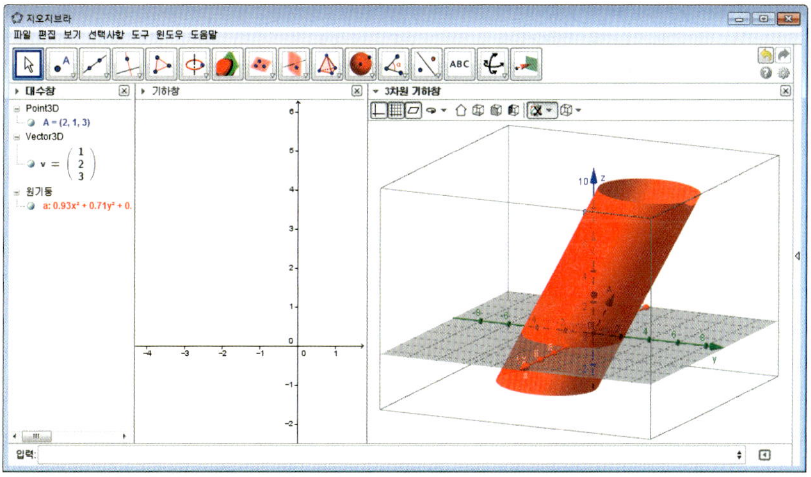

그림 3.31: 벡터 v 방향으로 향하는 무한원기둥

또한, 3차원 기하창에 점 A, B 가 주어졌을 때, 두 점을 지나는 직선을 축으로 하고 단면의 반지름이 3인 원기둥을 구하려면 입력창에 다음과 같이 입력한다.

```
무한원기둥[ A , B , 3 ]
```

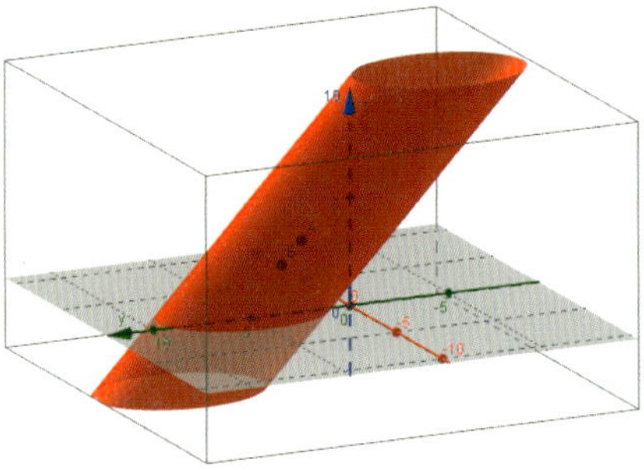

그림 3.32: 점 A, B 를 지나는 직선을 축으로 하고 단면의 반지름이 3인 원기둥

다각뿔 명령

입력창에 다각뿔 명령을 입력하면 3차원 기하창에서 다각뿔을 만들 수 있다. 3차원 기하창에서 다각뿔을 만들기 위한 다각뿔 명령의 문법은 다음과 같다.[24]

```
다각뿔[ 다각형 , 점 ]
다각뿔[ 다각형 , 높이 ]
다각뿔[ 점 , 점 , 점 , ... ]
```

예를 들어, 3차원 기하창에 사각형 다각형1 과 점 E 가 주어졌을 때, 점 E 를 꼭짓점으로 하고 사각형 다각형1 을 밑면으로 하는 다각뿔을 만들려면 입력창에 다음과 같이 입력한다.

```
다각뿔[ 다각형1 , E ]
```

[24]우리말 명령어인 다각뿔[] 대신, 영어 명령어인 Pyramid[] 를 사용하는 것도 가능하다.

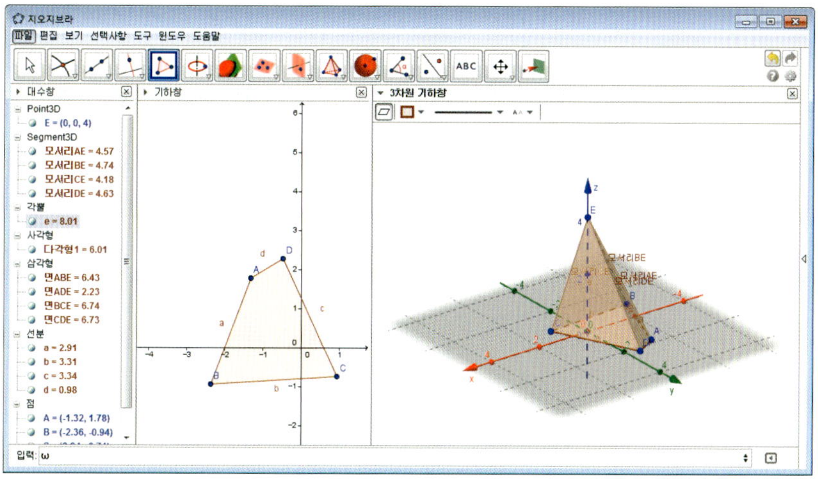

그림 3.33: 점 E 를 꼭짓점으로 하고 사각형 다각형1 을 밑면으로 하는 다각뿔

만일, 3차원 기하창에 사각형 다각형1 이 주어졌을 때, 사각형 다각형1 을 밑면으로 하고 높이가 3인 다각뿔을 만들려면 입력창에 다음과 같이 입력한다.

```
다각뿔[ 다각형1 , 3 ]
```

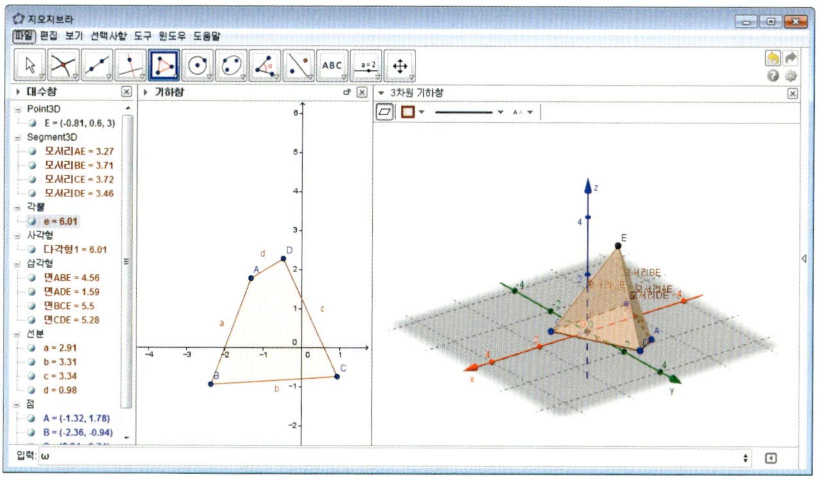

그림 3.34: 사각형 다각형1 을 밑면으로 하고 높이가 3인 다각뿔

또한, 3차원 기하창에 주어진 점 A , B , C , D 로 사각형 밑면을 만들고, 점 E 를 꼭짓점으로 하는 다각뿔을 만들려면 입력창에 다음과 같이 입력한다.

```
다각뿔[ A , B , C , D , E ]
```

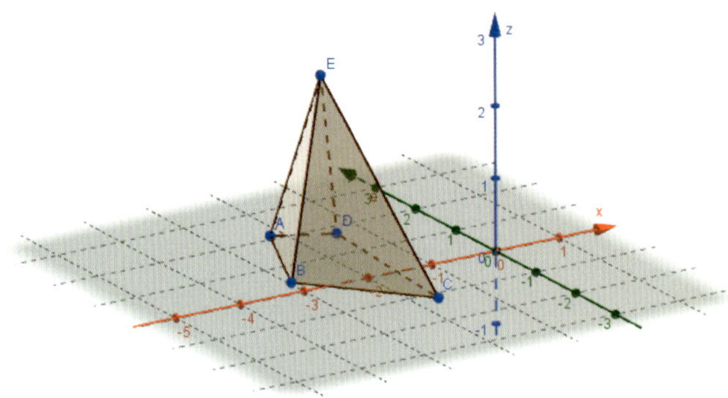

그림 3.35: 점 A , B , C , D 로 사각형을 만들고, 점 E 를 꼭짓점으로 하는 다각뿔

무한원뿔 명령

입력창에 무한원뿔 명령을 입력하면 3차원 기하창에서 무한원뿔을 만들 수 있다. 3차원 기하창에서 무한원뿔을 만들기 위한 무한원뿔 명령의 문법은 다음과 같다.[25]

```
무한원뿔[ 점 , 벡터 , 각 ]
무한원뿔[ 점 , 점 , 각 ]
무한원뿔[ 점 , 직선 , 각 ]
```

예를 들어, 3차원 기하창에 점 A , 벡터 v 가 주어졌을 때, 점 A 는 꼭짓점, 모선과 축의 각은 $\pi/4$ 이며, 벡터 v 에 대하여 양방향으로 무한히 뻗어가는 원뿔을 만들려면 입력창에 다음과 같이 입력한다.

```
무한원뿔[ A , v , pi / 4 ]
```

[25] 우리말 명령어인 무한원뿔[] 대신, 영어 명령어인 InfiniteCone[] 을 사용하는 것도 가능하다.

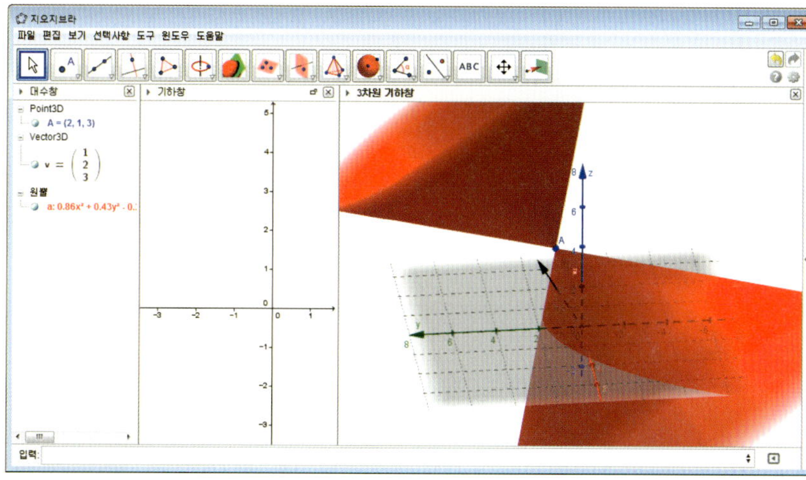

그림 3.36: 점 A 는 꼭짓점, 모선과 축의 각은 pi / 4 이며, 벡터 v 에 대하여 양방향으로 무한히 뻗어가는 원뿔

만일, 3차원 기하창에 점 A , B 가 주어졌을 때, 점 A는 꼭짓점, 모선과 축의 각은 $\pi/4$ 이며, 직선 AB 의 방향으로 무한히 뻗어가는 원뿔을 만들려면 입력창에 다음과 같이 입력한다.

```
무한원뿔[ A , B , pi / 4 ]
```

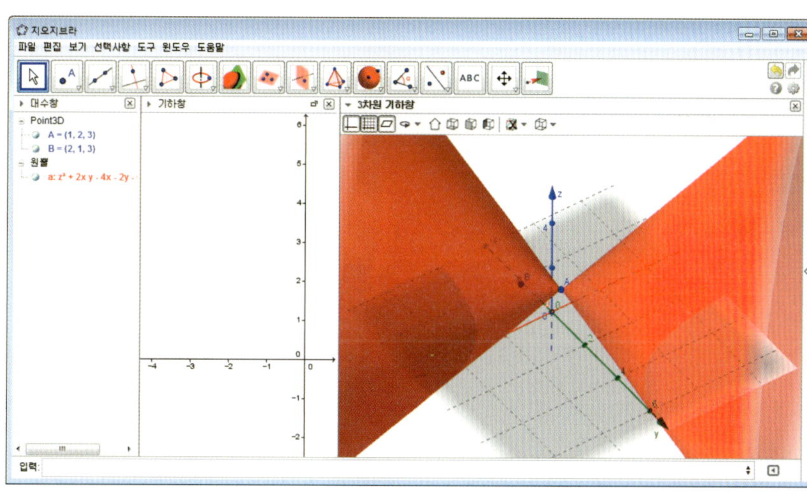

그림 3.37: 점 A 는 꼭짓점, 모선과 축의 각은 pi / 4 이며, 직선 AB 방향으로 무한히 뻗어가는 원뿔

또한, 3차원 기하창에 점 A 는 꼭짓점, 모선과 축의 각은 $\pi/4$ 이며, z축 에 대하여 양방향으로 무한히 뻗어가는 원뿔을 만들려면 입력창에 다음과 같이 입력한다.

```
무한원뿔[ A , z축 , pi / 4 ]
```

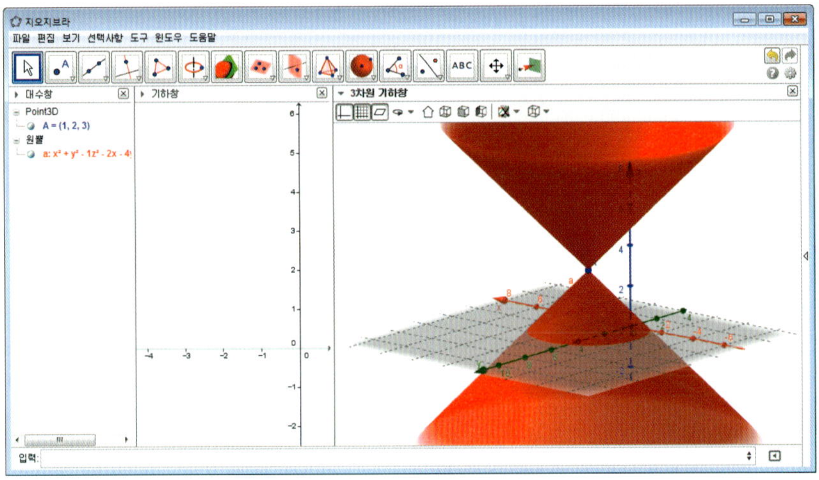

그림 3.38: 점 A 는 꼭짓점, 모선과 축의 각은 pi / 4 이며, z축 에 대하여 양방향으로 무한히 뻗어가는 원뿔

3.7 정다면체 명령

정4면체 명령

입력창에 정4면체 명령을 입력하면 3차원 기하창에 정4면체를 만들 수 있다. 3차원 기하창에서 정4면체를 만들기 위한 정4면체 명령의 문법은 다음과 같다.[26]

```
정4면체[ 점 , 점 ]
정4면체[ 점 , 점 , 방향 ]
```

[26]우리말 명령어인 정4면체[] 대신, 영어 명령어인 Tetrahedron[] 을 사용하는 것도 가능하다. 전개도[] 명령을 사용하면 다면체의 전개도를 볼 수 있다.

예를 들어, 3차원 기하창에 점 A , B 가 주어졌을 때, 선분 AB 를 한 변으로 하는 정4면체를 만들려면 입력창에 다음과 같이 입력한다.[27]

```
정4면체[ A , B ]
```

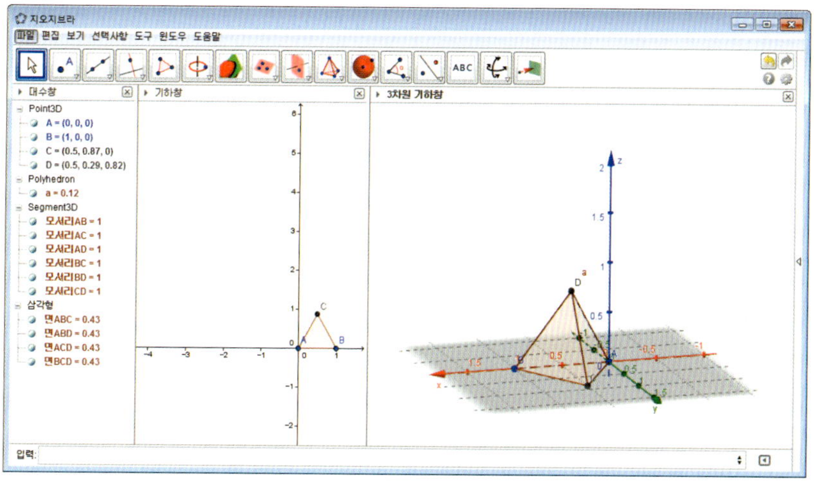

그림 3.39: 선분 AB 를 한 변으로 하는 정4면체

만일, 점 A , B , 벡터 v 가 주어졌을 때, 선분 AB 를 한 변으로 하고 방향이 벡터 v 인 정4면체를 만들려면 입력창에 다음과 같이 입력한다.

```
정4면체[ A , B , v ]
```

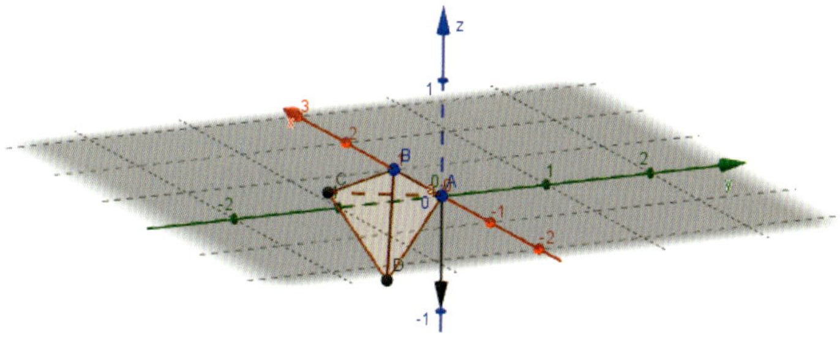

그림 3.40: 선분 AB 를 한 변으로 하고 방향이 벡터 v 인 정4면체

[27]두 점의 순서를 다르게 입력하면, 정4면체의 방향이 반대로 나타난다.

정6면체 명령

입력창에 정6면체 명령을 입력하면 3차원 기하창에서 정6면체를 만들 수 있다. 3차원 기하창에서 정6면체를 만들기 위한 정6면체 명령의 문법은 다음과 같다.[28]

```
정6면체[ 점 , 점 ]
정6면체[ 점 , 점 , 방향 ]
```

예를 들어, 3차원 기하창에 점 A , B 가 주어졌을 때, 선분 AB 를 한 변으로 하는 정6면체를 만들려면 입력창에 다음과 같이 입력한다.[29]

```
정6면체[ A , B ]
```

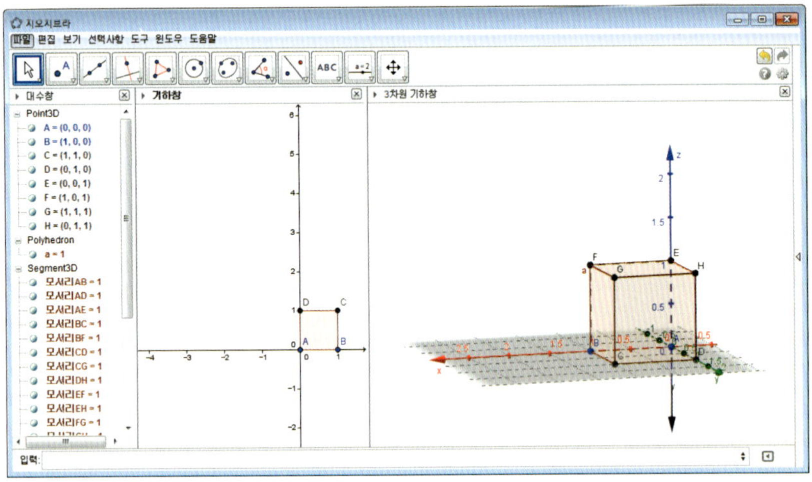

그림 3.41: 선분 AB 를 한 변으로 하는 정6면체

만일, 점 A , B , 벡터 v 가 주어졌을 때, 선분 AB 를 한 변으로 하고 방향이 벡터 v 인 정6면체를 만들려면 입력창에 다음과 같이 입력한다.

```
정6면체[ A , B , v ]
```

[28] 우리말 명령어인 정6면체[] 대신, 영어 명령어인 Cube[] 를 사용하는 것도 가능하다. 전개도[] 명령을 사용하면 다면체의 전개도를 볼 수 있다.

[29] 만일 두 점의 순서를 다르게 입력하면, 정6면체의 방향이 반대로 나타난다.

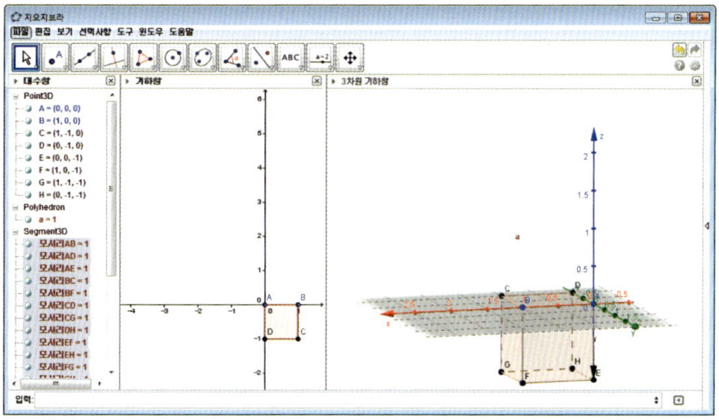

그림 3.42: 선분 AB 를 한 변으로 하고 방향이 벡터 v 인 정6면체

정8면체 명령

입력창에 정8면체 명령을 입력하면 3차원 기하창에 정8면체를 만들 수 있다. 3차원 기하창에서 정8면체를 만들기 위한 정8면체 명령의 문법은 다음과 같다.[30]

```
정8면체[ 점 , 점 ]
정8면체[ 점 , 점 , 방향 ]
```

예를 들어, 3차원 기하창에 점 A , B 가 주어졌을 때, 선분 AB 를 한 변으로 하는 정8면체를 만들려면 입력창에 다음과 같이 입력한다.[31]

```
정8면체[ A , B ]
```

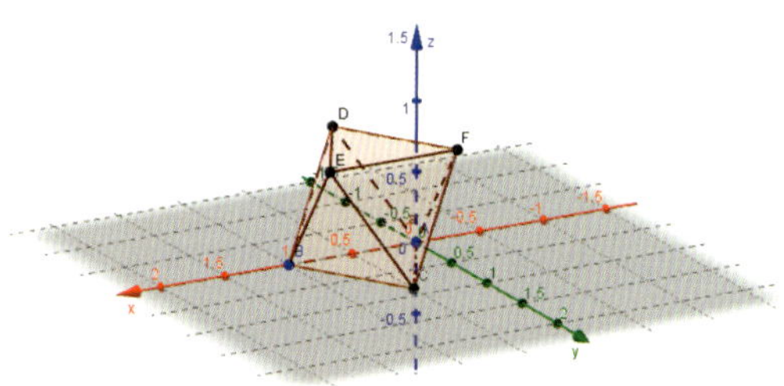

그림 3.43: 선분 AB 를 한 변으로 하는 정8면체

[30]우리말 명령어인 정8면체[] 대신, 영어 명령어인 Octahedron[] 을 사용하는 것도 가능하다. 전개도[] 명령을 사용하면 다면체의 전개도를 볼 수 있다.

[31]만일 두 점의 순서를 다르게 입력하면, 정8면체의 방향이 반대로 나타난다.

만일, 점 A , B , 벡터 v 가 주어졌을 때, 선분 AB 를 한 변으로 하고 방향이 벡터 v 인 정8면체를 만들려면 입력창에 다음과 같이 입력한다.

```
정8면체[ A , B , v ]
```

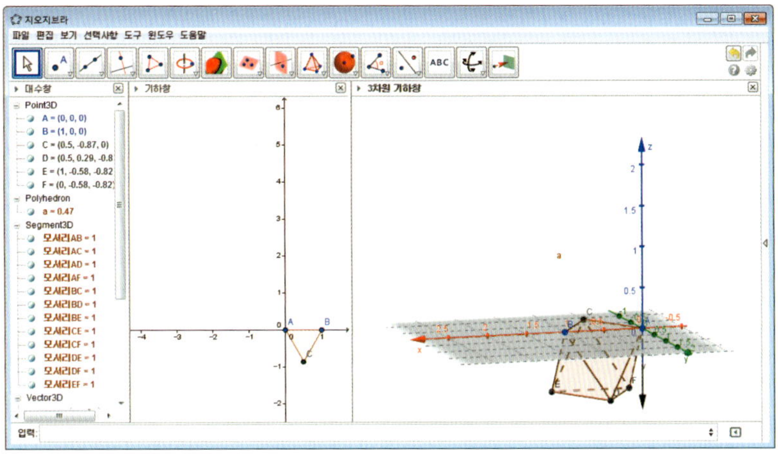

그림 3.44: 선분 AB 를 한 변으로 하고 방향이 벡터 v 인 정8면체

정12면체 명령

입력창에 정12면체 명령을 입력하면 3차원 기하창에 정12면체를 만들 수 있다. 3차원 기하창에서 정12면체를 만들기 위한 정12면체 명령의 문법은 다음과 같다.[32]

```
정12면체[ 점 , 점 ]
정12면체[ 점 , 점 , 방향 ]
```

예를 들어, 3차원 기하창에 점 A , B 가 주어졌을 때, 선분 AB 를 한 변으로 하는 정12면체를 만들려면 입력창에 다음과 같이 입력한다.[33]

```
정12면체[ A , B ]
```

[32] 우리말 명령어인 정12면체[] 대신, 영어 명령어인 Dodecahedron[] 을 사용하는 것도 가능하다. 전개도[] 명령을 사용하면 다면체의 전개도를 볼 수 있다.

[33] 만일 두 점의 순서를 다르게 입력하면, 정12면체의 방향이 반대로 나타난다.

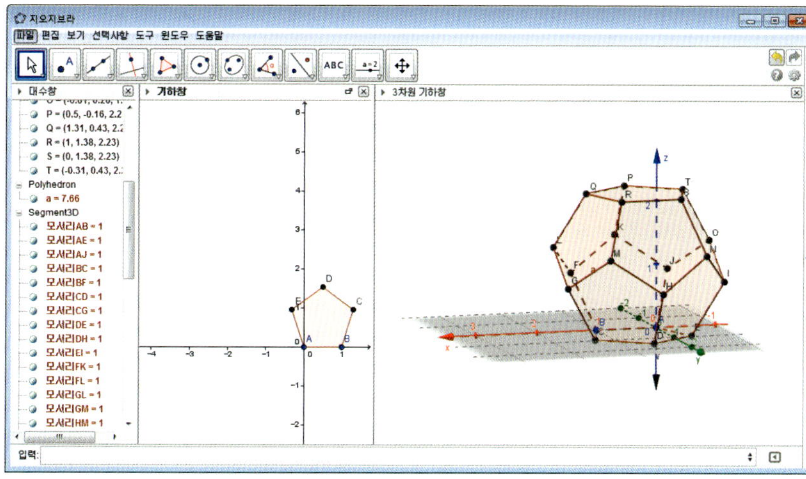

그림 3.45: 선분 AB 를 한 변으로 하는 정12면체

만일, 점 A , B , 벡터 v 가 주어졌을 때, 선분 AB 를 한 변으로 하고 방향이 벡터 v 인 정12면체를 만들려면 입력창에 다음과 같이 입력한다.

```
정12면체[ A , B , v ]
```

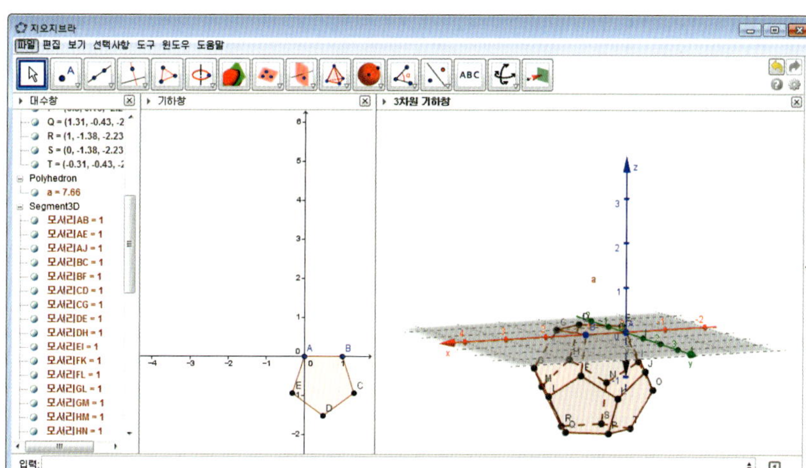

그림 3.46: 선분 AB 를 한 변으로 하고 방향이 벡터 v 인 정12면체

정20면체 명령

입력창에 정20면체 명령을 입력하면 3차원 기하창에서 정20면체를 만들 수 있다. 3차원 기하창에서 정20면체를 만들기 위한 정20면체 명령의 문법은 다음과 같다.[34]

```
정20면체[ 점 , 점 ]
정20면체[ 점 , 점 , 방향 ]
```

예를 들어, 3차원 기하창에 점 A , B 가 주어졌을 때, 선분 AB 를 한 변으로 하는 정20면체를 만들려면 입력창에 다음과 같이 입력한다.[35]

```
정20면체[ A , B ]
```

만일, 점 A , B , 벡터 v 가 주어졌을 때, 선분 AB 를 한 변으로 하고 방향이 벡터 v 인 정20면체를 만들려면 입력창에 다음과 같이 입력한다.

```
정20면체[ A , B , v ]
```

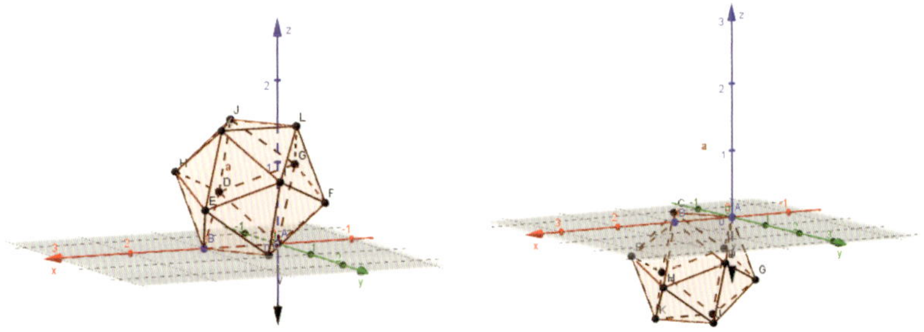

(a) 선분 AB 를 한 변으로 하는 정20면체

(b) 선분 AB 를 한 변으로 하고 방향이 v 인 정20면체

그림 3.47: 정20면체 명령으로 정20면체를 만든 모습

[34]우리말 명령어인 정20면체[] 대신, 영어 명령어인 Icosahedron[] 을 사용하는 것도 가능하다. 전개도[] 명령을 사용하면 다면체의 전개도를 볼 수 있다.

[35]만일 두 점의 순서를 다르게 입력하면, 정20면체의 방향이 반대로 나타난다.

III

자료 작성

GeoGebra

4
자료 작성

4.1 3차원 기하창 내보내기

이 절에서는 지오지브라 5의 3차원 기하창 화면을 활용하여 자료를 작성하는 방법에 대해 알아보고자 한다.

먼저, 그림 4.1과 같이 지오지브라 5의 3차원 기하창에 4면체를 하나 만들었다고 가정하자.

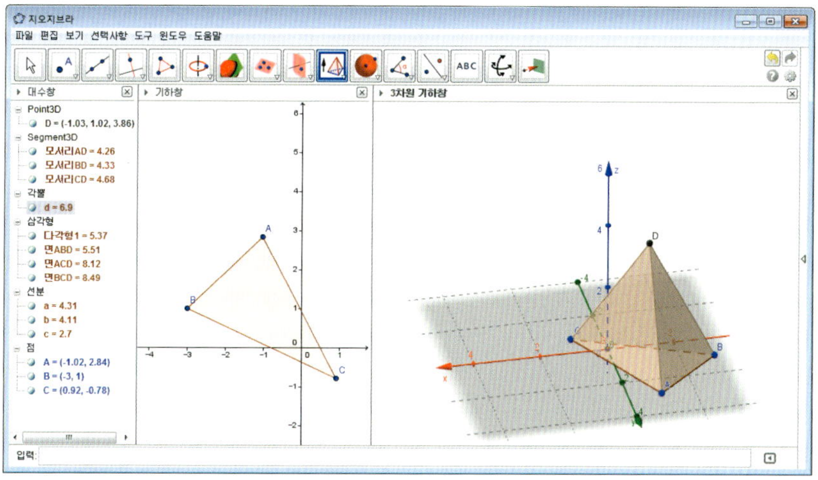

그림 4.1: 3차원 기하창에 그려진 4면체

기하창을 클립보드로 복사

지오지브라 5에서 3차원 기하창을 클립보드로 복사하려면 이동 모드[1]에서 3차원 기하창을 클릭한 후[2] 메뉴에서 편집 – 기하창을 클립보드로 복사 를 선택하거나 키보드 단축키로 Ctrl + Shift + C 를 누른다(그림 4.2).

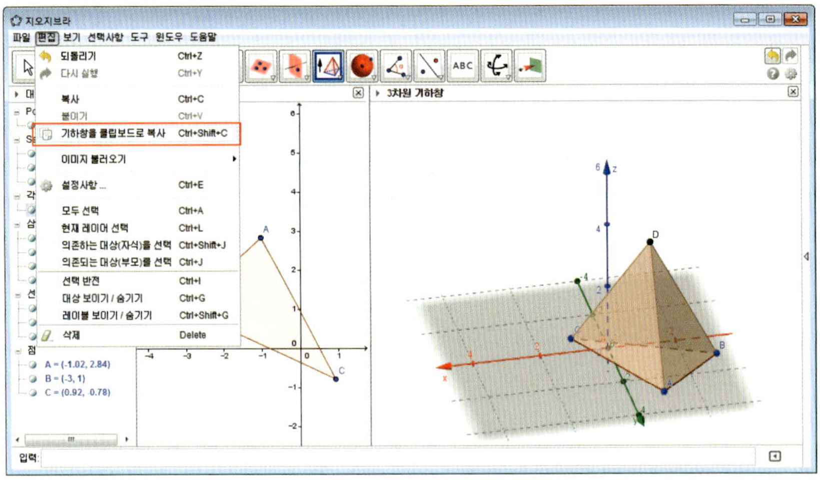

그림 4.2: 편집 – 기하창을 클립보드로 복사 메뉴

그 다음 문서작성 프로그램을 실행하고 Ctrl + V 키를 누르면 클립보드에 저장된 그림이 문서에 포함된다(그림 4.3).

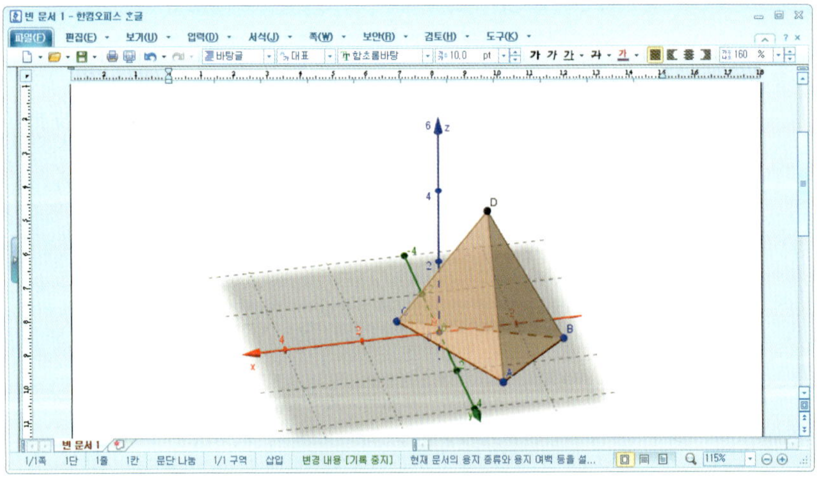

그림 4.3: 3차원 기하창 그림을 문서에 포함시킨 모습

[1]이동 도구가 선택된 상태를 말하며, ESC 키를 눌러도 된다.

[2]**3차원 기하창**의 제목이 굵은 글씨로 표시된다.

지오지브라튜브에 공유

자료 업로드

지오지브라튜브 화면 우측 상단의 자료 업로드 를 클릭하면 지오지브라 자료나 이에 관련된 자료를 지오지브라튜브에 업로드할 수 있는 화면으로 이동한다.

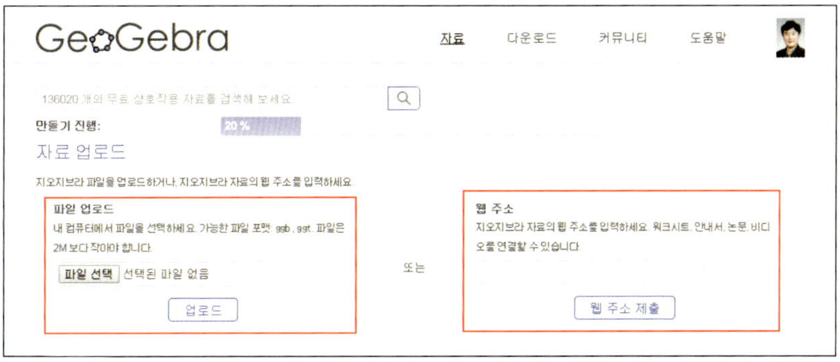

그림 4.4: 자료 업로드 화면

그림 4.5: 지오지브라 책 만들기 화면

지오지브라 자료를 업로드하려면 파일 선택 을 클릭하여 자료를 선택한 후 업로드 를 클릭한다. 지오지브라와 관련된 워크시트, 안내서, 논문, 비디오 등의 웹 주소를 입력한 후 웹 주소 제출 을 클릭하면 해당 자료를 지오지브라에 공유할 수 있다.

지오지브라튜브에 로그인

지오지브라튜브에 로그인하는 방법은 다음과 같다.

1) 자료 검색 아이콘을 클릭하면 지오지브라튜브를 볼 수 있다. 로그인을 하려면 지오지브라 홈페이지의 우측 상단의 로그인 을 클릭한다.

2) 로그인 을 클릭 후 나타나는 화면에서 우측에 있는 다른 웹사이트 계정 사용 아래에 있는 구글(Google), 페이스북(Facebook), 트위터(Twitter), 마이크로소프트(Microsoft) 가운데 자신이 소유하고 있는 계정에 따라 링크를 클릭한다.

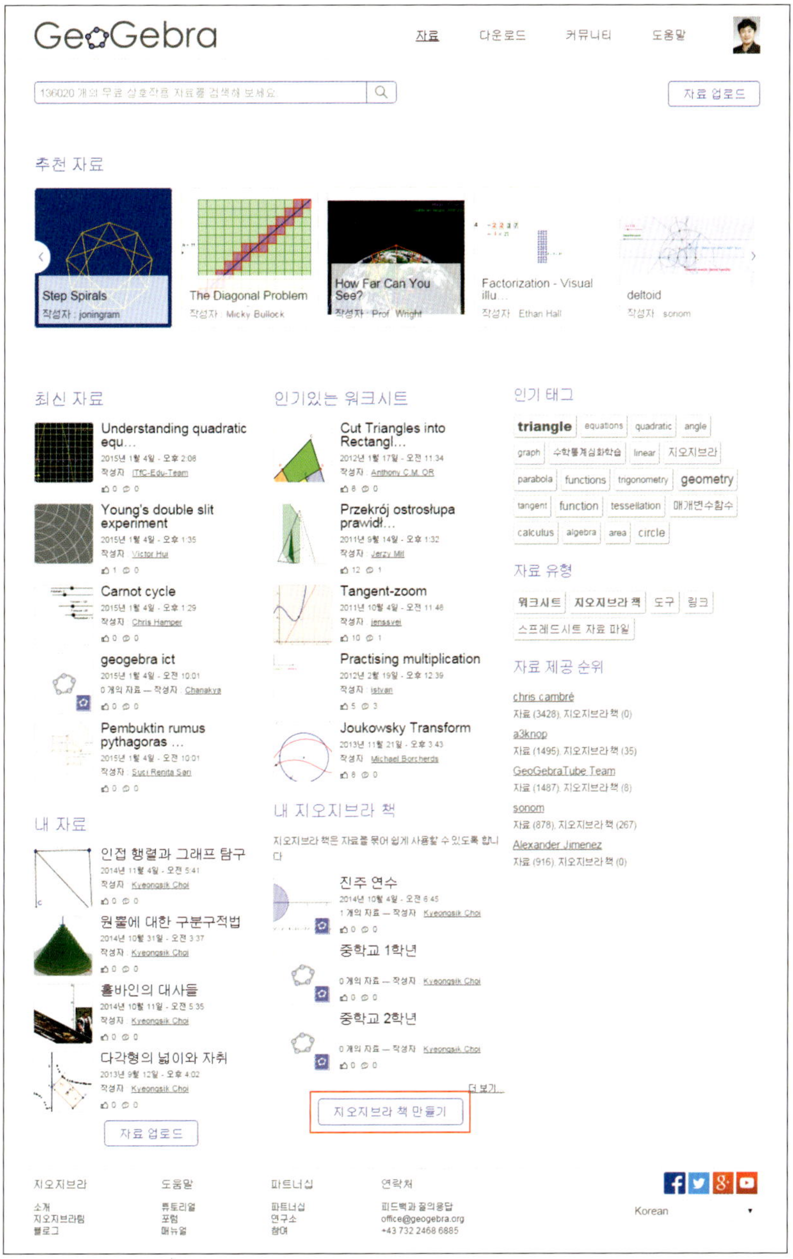

그림 4.6: 지오지브라튜브 홈페이지

4.2 설정사항

설정사항 창

지오지브라 5에서는 각 대상의 설정사항을 수정할 수 있는 설정사항 창을 제공한다. 설정사항 창을 이용하려면 지오지브라 5 실행화면의 오른쪽 상단 톱니바퀴를 클릭 한 후 대상 을 클릭 한다.

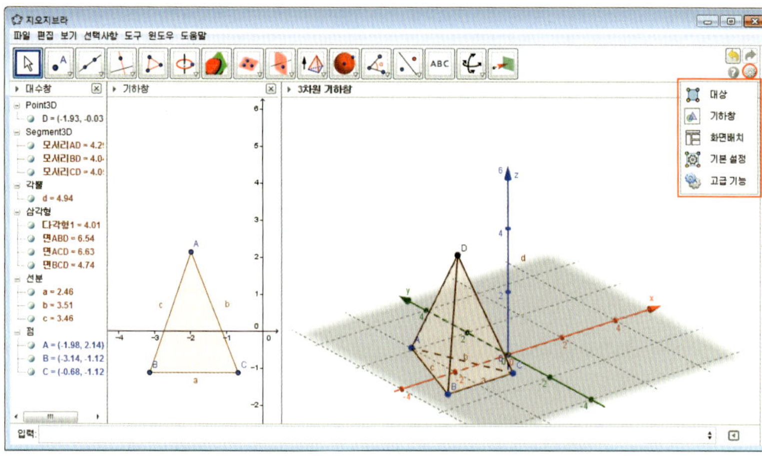

그림 4.7: 설정사항 버튼을 누른 모습

이 때, 설정사항 창을 지오지브라의 실행화면에 결합하려면 설정사항 창 오른쪽 상단의 작은 버튼을 클릭 한다(그림 4.8, 4.9).

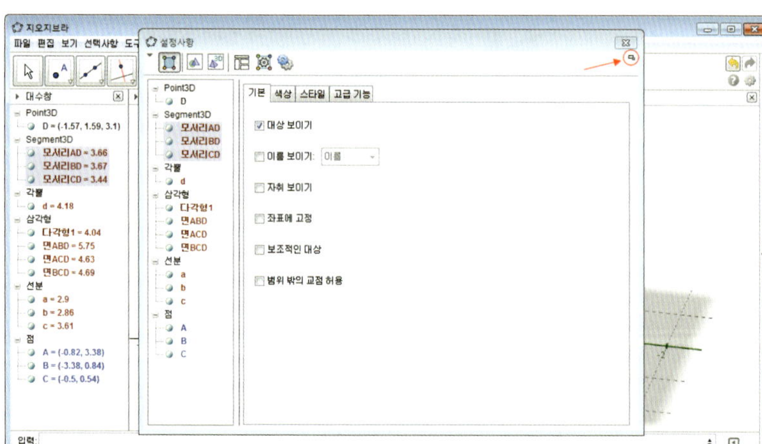

그림 4.8: 설정사항 창이 나타난 모습

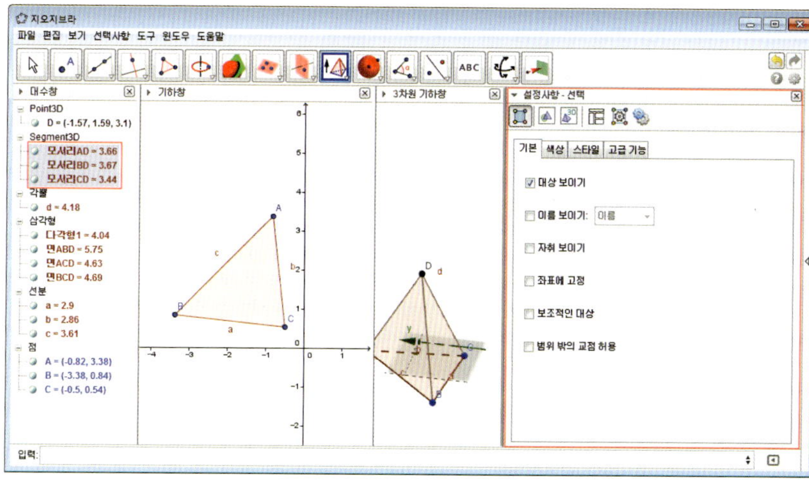

그림 4.9: 설정사항 창이 실행화면에 결합된 모습

탭

설정사항 창에는 다양한 탭이 나타난다. 이 탭들은 3차원 기하창이나 대수창에서 선택된 대상에 따라 달라진다. 예를 들어, 그림 4.9와 같이 선분[3]을 선택하면 선분에 대한 설정사항이 나타난다. 설정사항 탭의 사용법은 지오지브라 4 와 유사하다. 이에 대하여는 지오지브라 바이블[4] 을 참고하라.

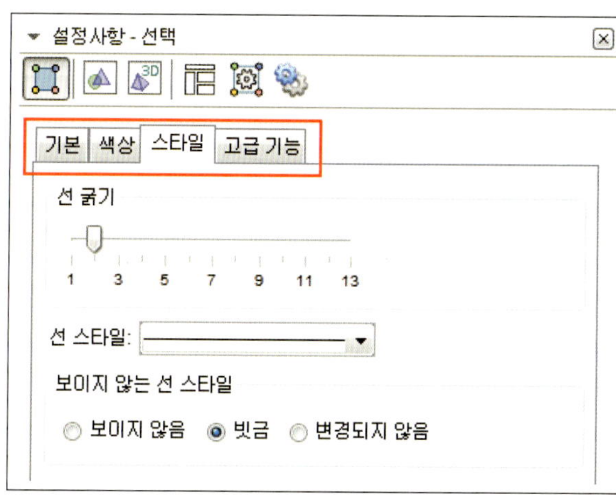

그림 4.10: `Segment3D` 에 대한 탭

[3] 대수창에서 `Segment3D` 를 선택하였다.

[4] 최경식 (2013). 지오지브라 바이블. 서울: 교우사.

IV

3차원 기하 예제

GeoGebra

5

공간도형과 공간벡터

5.1 공간도형

지오지브라의 3차원 기하창에서는 3차원 공간에서의 수학적 대상을 구성하고 이를 다양하게 조작할 수 있다. 이 절에서는 지오지브라에서 3차원 공간의 대상을 탐구하는 예제를 몇 가지 살펴보고자 한다.

공간도형 예제

공간도형 예제 1 (입체도형의 절단면)

한 변의 길이가 1인 정육면체를 평면으로 잘랐을 때, 나타날 수 있는 도형의 종류를 알아보시오.

(1) **3차원 기하창**에 세 점을 만들려면 입력창에 다음과 같이 차례로 입력한다.

```
A = ( 0 , 0 , 0 )
B = ( 1 , 0 , 0 )
C = ( 0 , 0 , 1 )
```

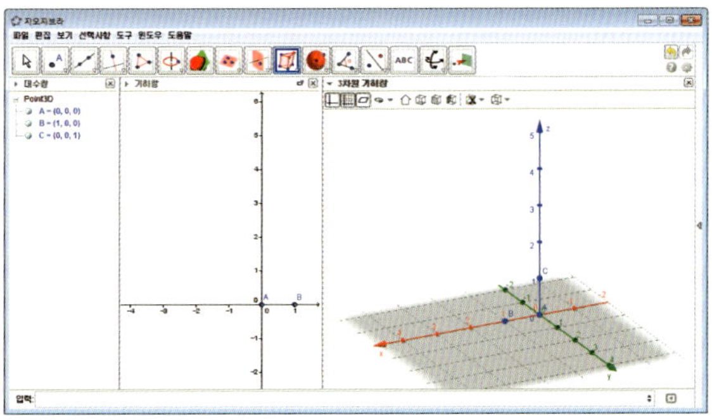

(2) 정다각형 도구를 선택한 후 **기하창**에서 점 A, B 를 차례로 클릭 하면 정다각형 대화상자가 나타난다. 정다각형 대화상자에 4를 입력한 후 확인 을 클릭 하면 정사각형이 나타난다.

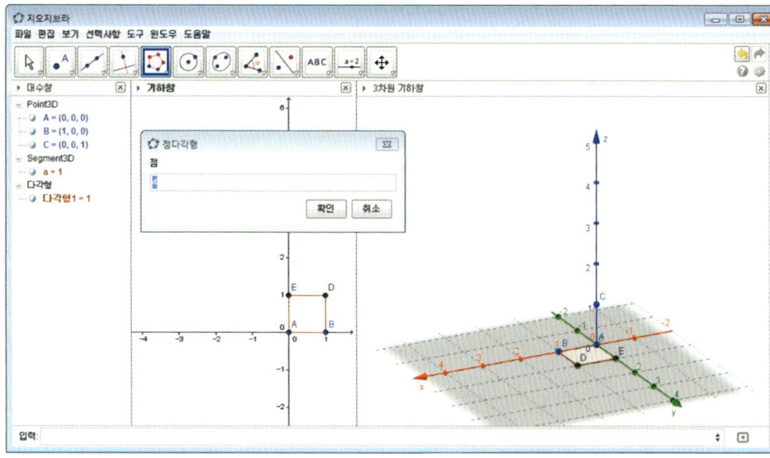

(3) 각기둥 도구를 선택한 후 정사각형과 점 C 를 차례로 클릭 하여 정육면체를 만든다.

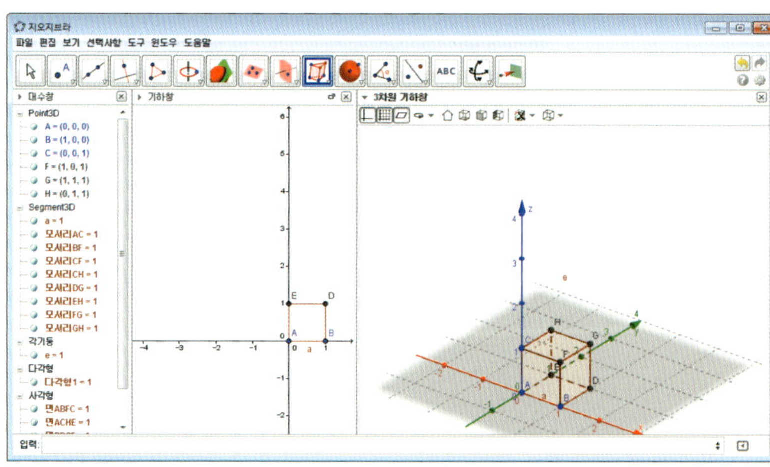

(4) 점 도구를 선택한 후 정6면체의 한 면에 마우스를 가까이 하면 십자 모양이 나타난다. 세 면을 클릭 하여 점을 3개 만든다.

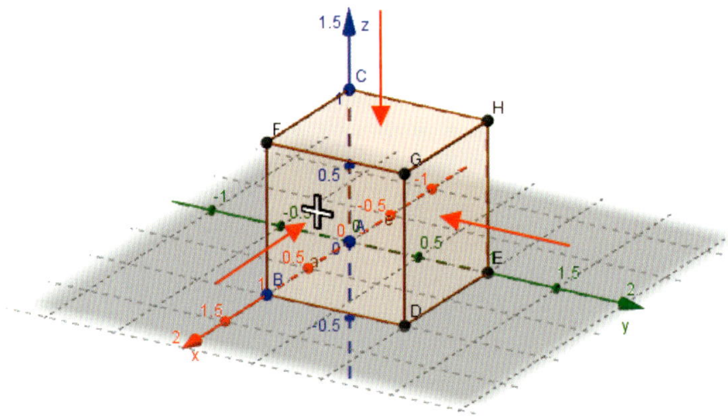

(5) 세 점을 지나는 평면 도구를 선택한 후 정6면체 위의 세 점을 클릭 하면 평면이 나타난다.

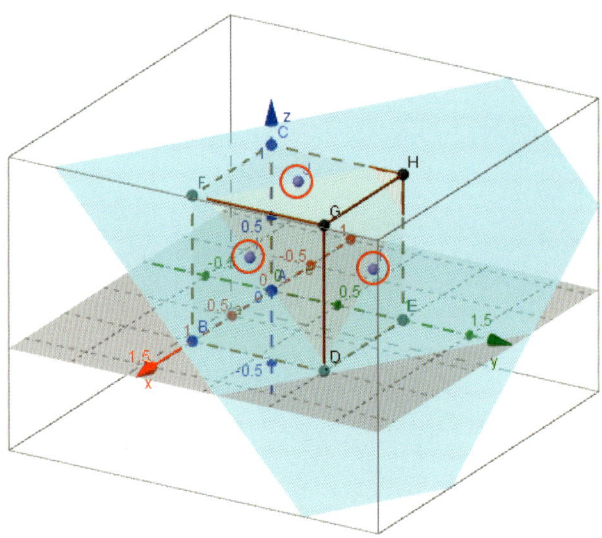

(6) 교선 도구를 선택한 후 평면과 정육면체를 차례로 클릭 하면 교선이 나타난다.

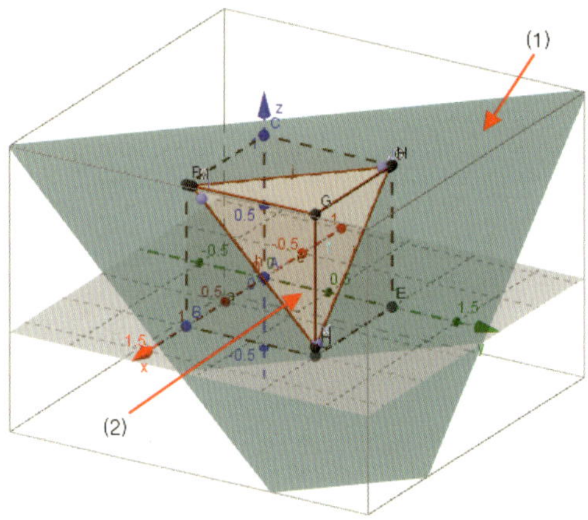

(7) 정육면체의 점을 이동시켜 평면의 위치를 바꾸면 절단면이 모습이 다양하게 나타난다.[1]

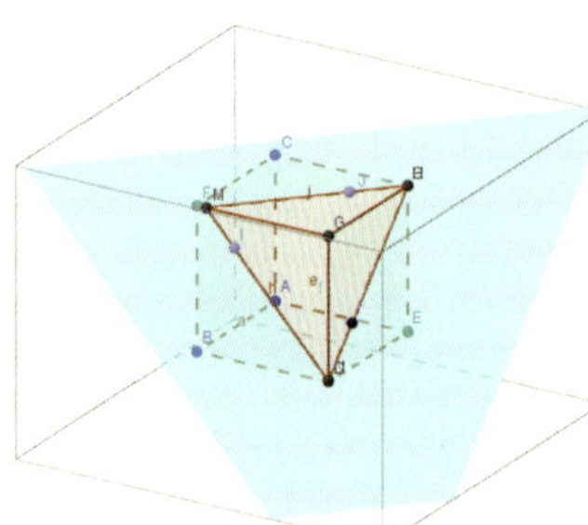
(a) 삼각형

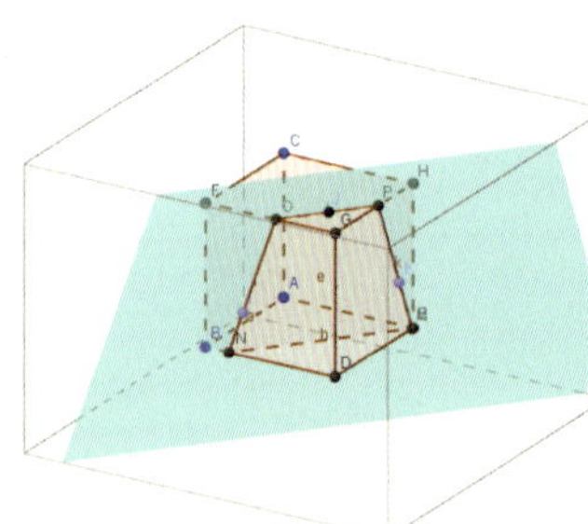
(b) 사각형

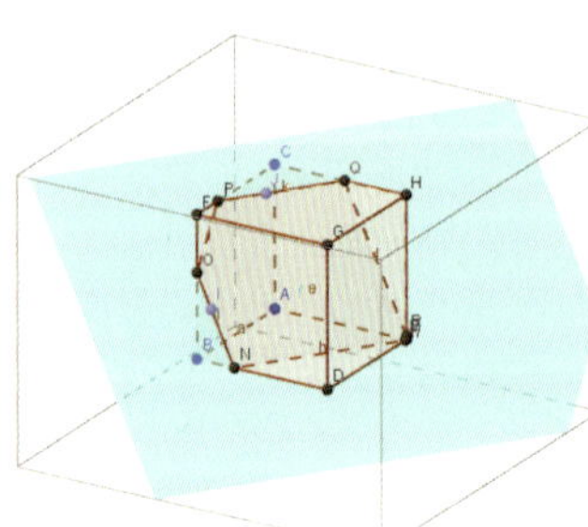
(c) 오각형

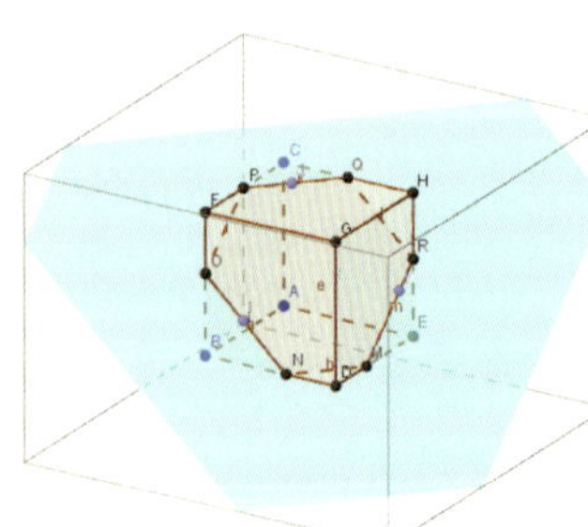
(d) 육각형

그림 5.1: 평면으로 정육면체를 절단했을 때 나타나는 절단면

---

[1]도형을 관찰하기 위해 스타일바에서 **좌표축**, **격자**, **xOy평면** 을 모두 해제하였다. 만일 절단면을 다른 기하창으로 열려면 절단하는 평면 위에서 마우스 오른쪽 버튼을 클릭 한 후 **2차원 기하창으로 보이기** 를 선택한다.

공간도형 예제 2 (삼수선의 정리)

xy 평면 밖의 한 점 A 에서 xy 평면에 내린 수선의 발을 B 라 하고 점 B 에서 xy 평면 위의 직선 CD 에 내린 수선의 발을 E 라 하자.
선분 AE 와 직선 CD 가 어떠한 관계인지 관찰하시오.

1. 점 도구를 선택한 후, 3차원 기하창에서 xy 평면 밖에 점 A 를 만든다.

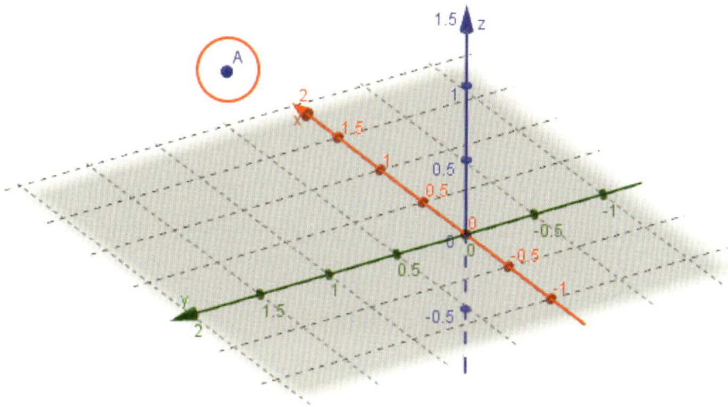

2. 수직선 도구를 선택한 후, 점 A , xy 평면을 차례로 클릭 하면 점 A 를 지나고 xy 평면에 수직인 직선이 만들어진다.

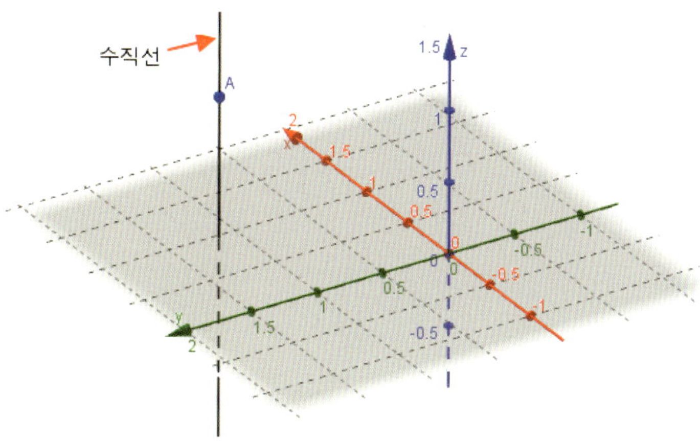

3 교점 도구를 선택한 후, xy 평면과 수직선의 교점을 클릭 하면 수선의 발 B 가 만들어진다.

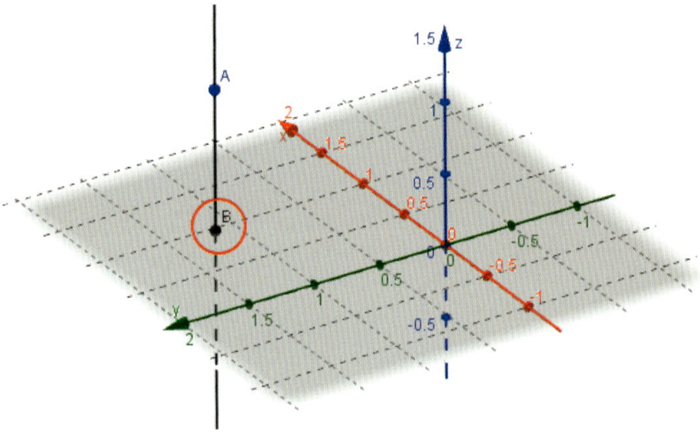

4 직선 도구를 선택한 후, xy 평면을 클릭 하여 점 C , D 를 지나는 직선 CD 를 만든다.

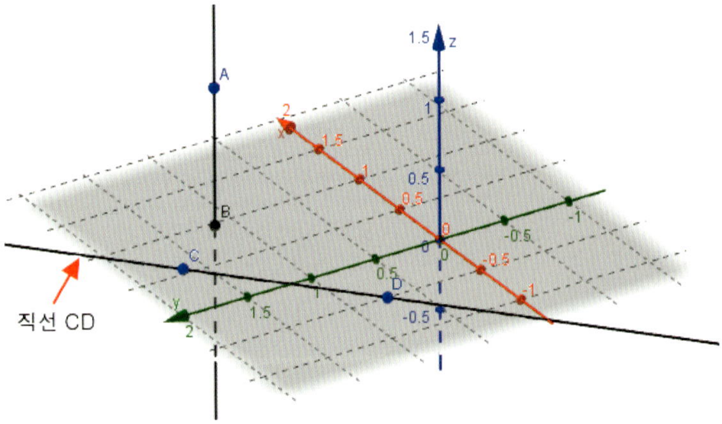

⑤ 수직선 도구를 선택한 후, 점 B, 직선 CD를 차례로 클릭 하면 점 B를 지나고 직선 CD에 수직인 직선이 만들어진다.

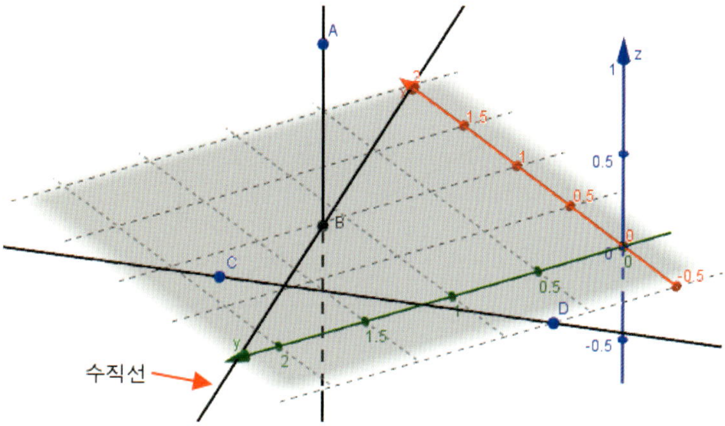

⑥ 교점 도구를 선택한 후, 직선 CD와 수직인 직선의 교점을 클릭 하면 수선의 발 E가 만들어진다.

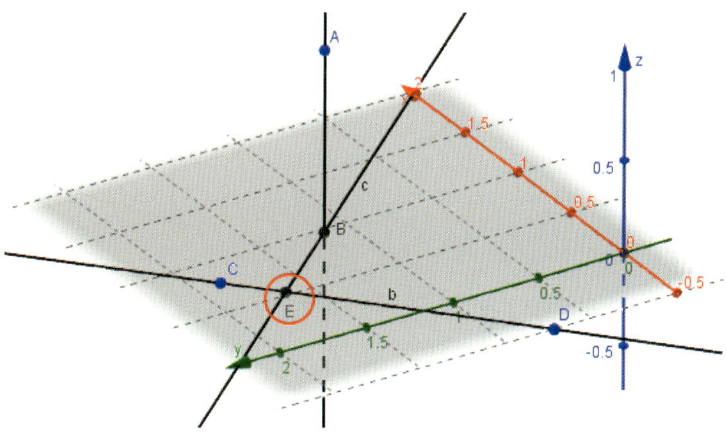

⑦ 선분 도구를 선택한 후, 점 A, E 를 차례로 클릭 하면 선분 AE 가 나타난다.

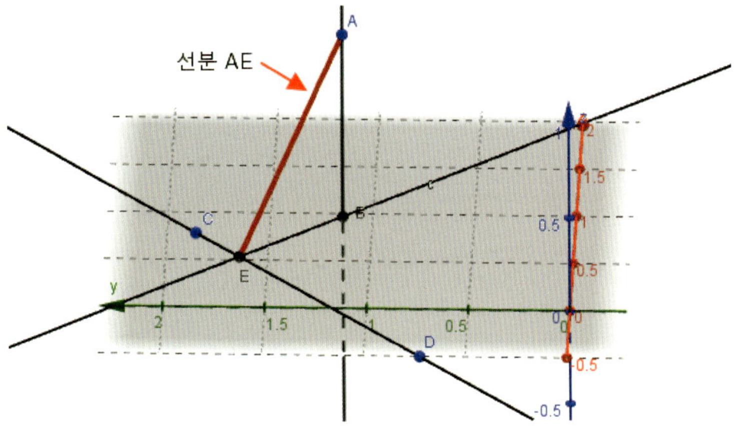

⑧ 각 도구를 선택한 후, 점 D, E, A 순서로 클릭 하면 각도가 90° 임을 확인할 수 있다. 즉, 선분 AE 와 직선 CD 는 수직이다.

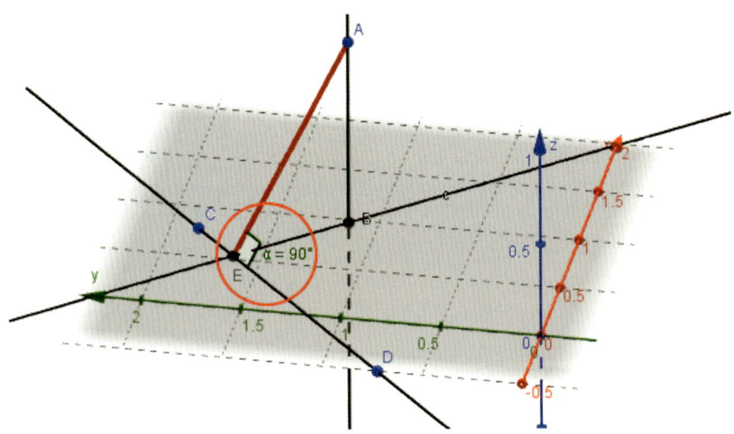

공간도형 예제 3 (평행하지 않은 세 평면)

세 평면 $3x-y+z+1=0$, $2x+y-5z+3=0$, $x-2y+3z+1=0$ 은 한 점에서 교차하는 것을 보이시오.

(1) 주어진 세 평면을 만들기 위해 입력창에 다음과 같이 차례로 입력한다.

```
a : 3x - y + z + 1 = 0
b : 2x + y - 5z + 3 = 0
c : x - 2y + 3z + 1 = 0
```

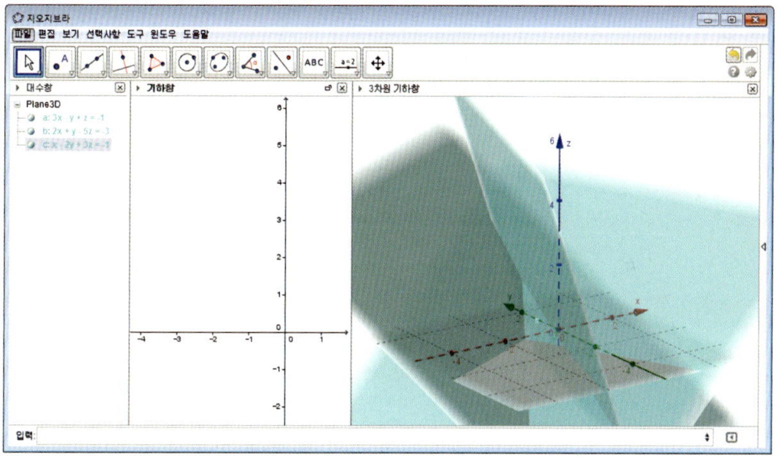

(2) 교선 도구를 선택한 후, 3차원 기하창에서 평면 a 와 b, b 와 c 를 클릭 하면 평면 사이의 교선이 2개 나타난다.대수창에서 평면을 클릭 하면 쉽게 선택할 수 있다.

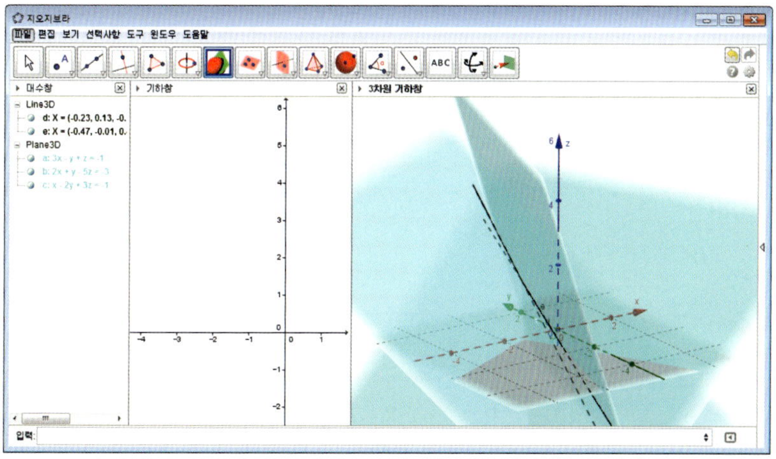

③ 교점 도구를 선택한 후, 3차원 기하창에서 두 직선을 클릭 하면 교점이 나타난다. 이는 세 평면이 한 점에서 교차하는 것을 의미한다.

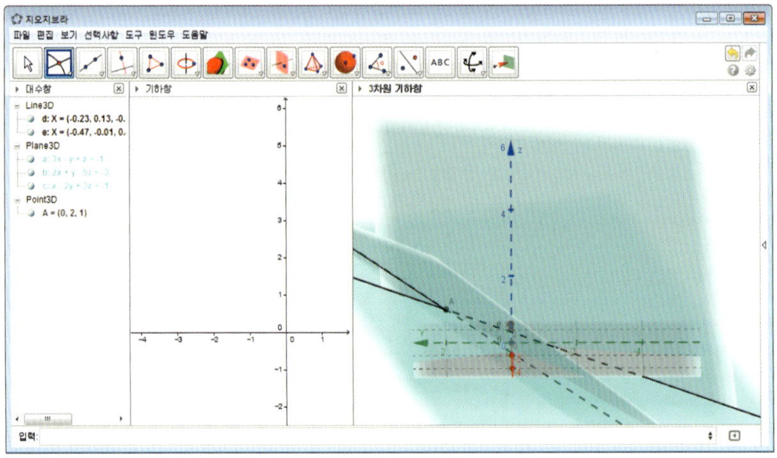

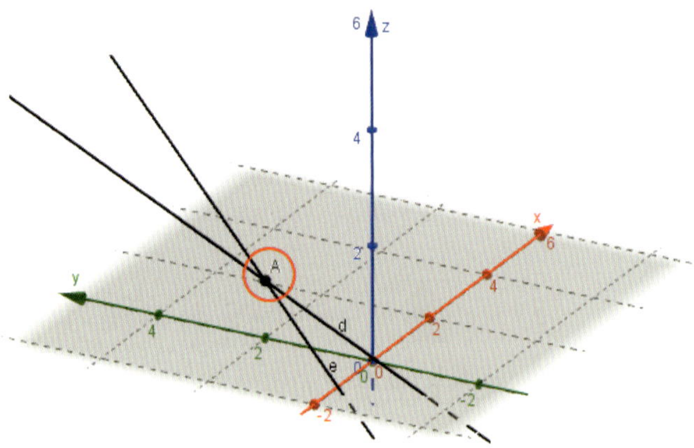

그림 5.2: 두 교선이 한 점에서 만나는 모습

공간도형 예제 4 (무한원뿔과 평면의 교선)

원점을 꼭짓점으로 하고, 모선과 축의 각은 $\pi/4$ 이며, z축 에 대하여 양방향으로 무한히 뻗어가는 원뿔과 평면의 교선을 관찰하시오.

(1) 제시된 조건의 무한원뿔을 만들기 위해, 입력창에 다음과 같이 입력한다.[2]

```
무한원뿔[ ( 0 , 0 , 0 ) , z축 , pi / 4 ]
```

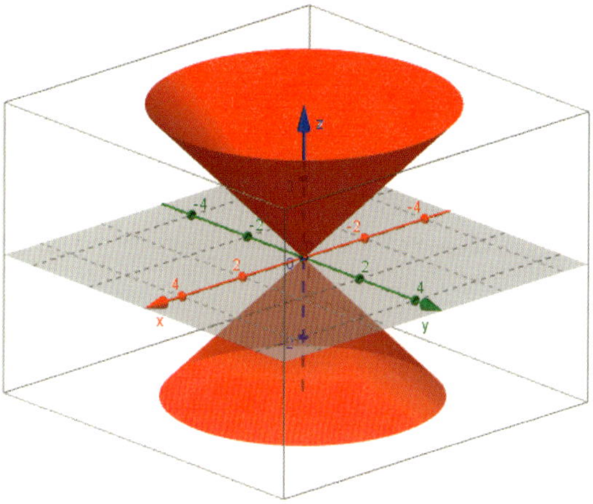

(2) xy 평면에 평행한 평면으로 무한원뿔을 절단하고 교선을 관찰하기 위해 입력창에 다음과 같이 차례로 입력한다.[3]

```
b : z = 2
교선[ a , b ]
```

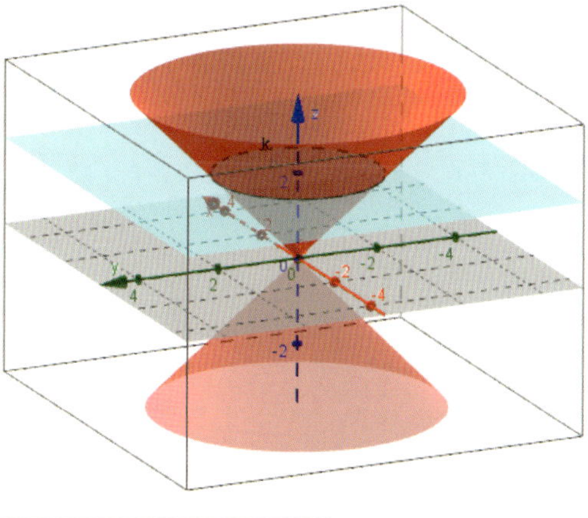

[2]무한원뿔의 이름을 a 라고 하자.
[3]교선은 원이다.

3) xy 평면에 평행하지 않으면서 모선보다는 덜 기울어진 평면으로 무한원뿔을 절단하고 교선을 관찰하기 위해 입력창에 다음과 같이 차례로 입력한다.[4]

```
c : y + 2z = 3
교선[ a , c ]
```

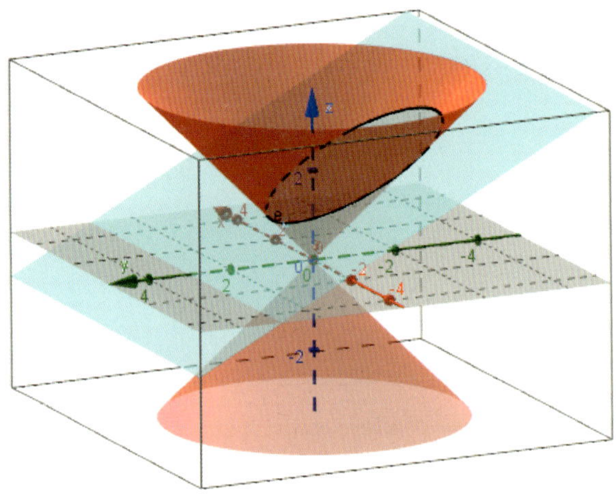

4) 모선에 평행한 평면으로 무한원뿔을 절단하고 교선을 관찰하기 위해 입력창에 다음과 같이 차례로 입력한다.[5]

```
d : y + z = -3
교선[ a , d ]
```

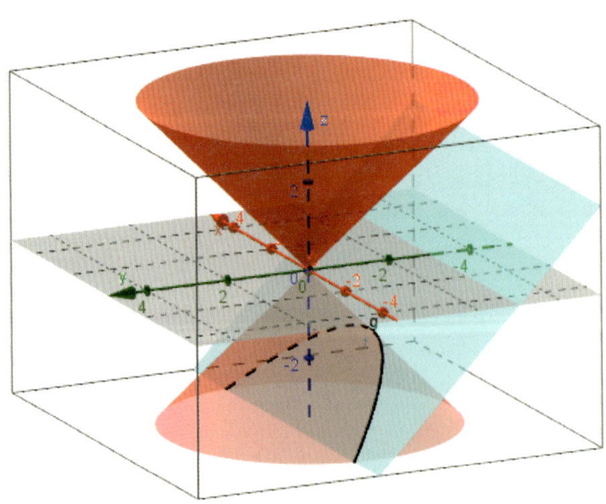

---

[4]교선은 타원이다.

[5]교선은 포물선이다.

(5) yz 평면에 평행한 평면으로 무한원뿔을 절단하고 교선을 관찰하기 위해 입력창에 다음과 같이 차례로 입력한다.[6]

```
e : x = 2
교선[ a , e ]
```

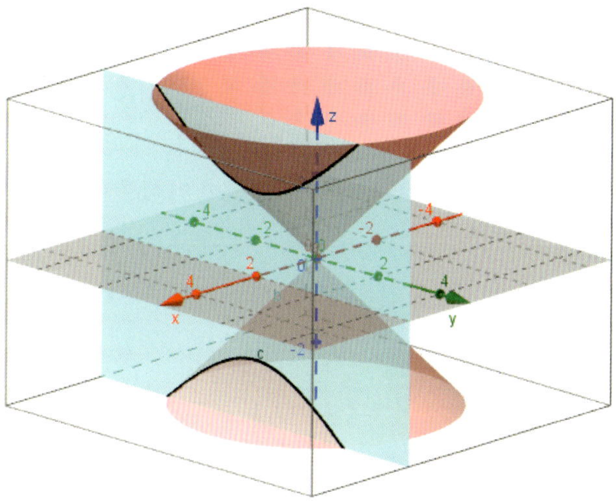

[6]교선은 쌍곡선이다.

5.2 공간벡터

지오지브라에서는 3차원 공간에서의 벡터를 다룰 수 있다. 이 절에서는 3차원 공간에서의 벡터에 대한 대표적인 예제를 몇 가지 살펴보고자 한다.

공간벡터 예제

공간벡터 예제 1 (직선의 벡터방정식)

두 벡터 a , b 가 주어졌다고 하자. 이 때, `v = (1 - t) a + t b` 로 정의되는 위치벡터 v 의 끝점의 자취를 관찰하시오.

(1) 주어진 조건에 맞는 벡터 v 를 구하기 위해, 입력창에 다음과 같이 입력한다.[7]

```
v = ( 1 - t ) a + t b
```

입력창에서 엔터키 [↵] 를 누르면 슬라이더 만들기 대화상자가 나타난다. [슬라이더 만들기] 를 클릭 한다.

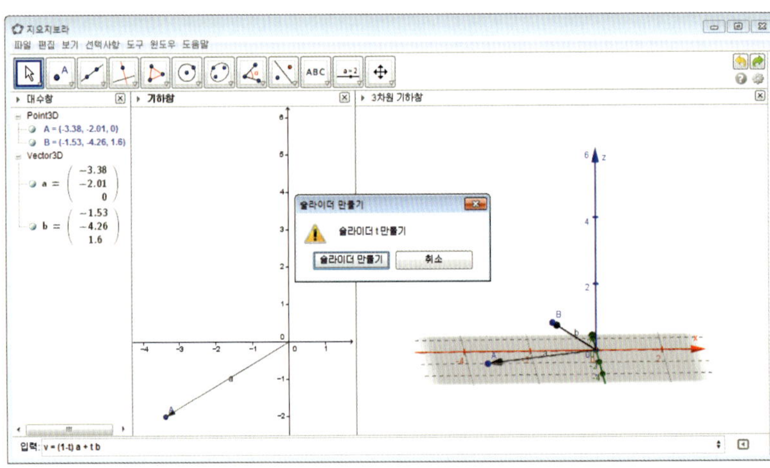

[7]t 와 b 는 띄어서 입력해야 한다.

2 3차원 기하창에 위치벡터 v 가 나타난다.

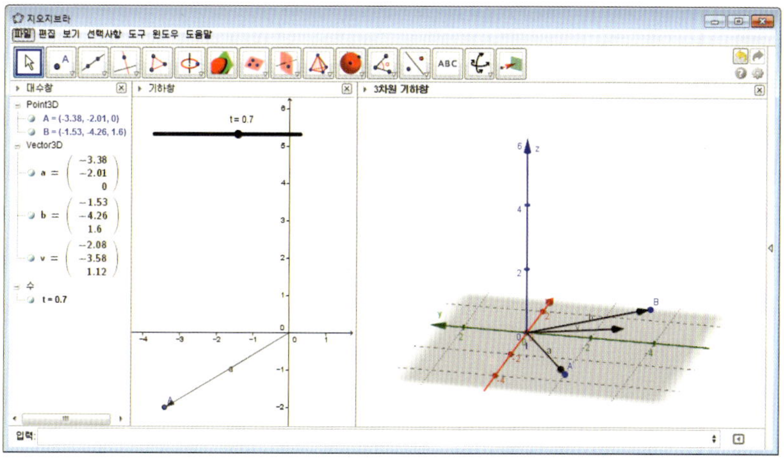

3 위치벡터 v 의 끝점 V 를 나타내기 위해, 입력창에 다음과 같이 입력한다.[8]

```
V = v
```

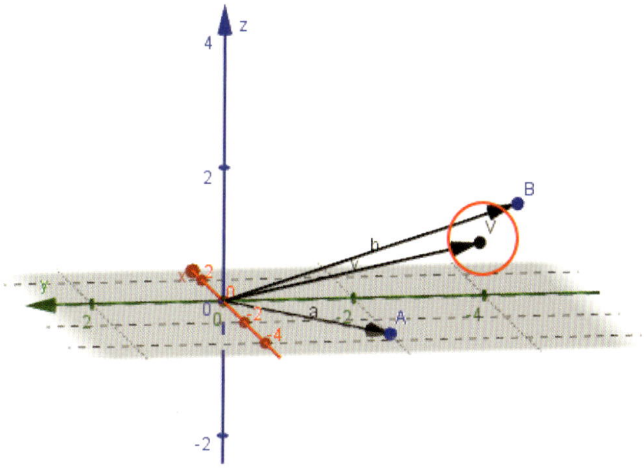

[8]지오지브라는 대상의 이름이 대문자인 경우 점으로 인식한다.

4 3차원 기하창의 점 V 위에서 마우스 오른쪽 클릭 한 후, 자취 보이기 를 선택한다. 그 후, 슬라이더 t 위의 점을 드래그하면 점 V 가 움직이면서 자취를 남긴다. 이를 통해, 점의 자취가 직선임을 알 수 있다.[9]

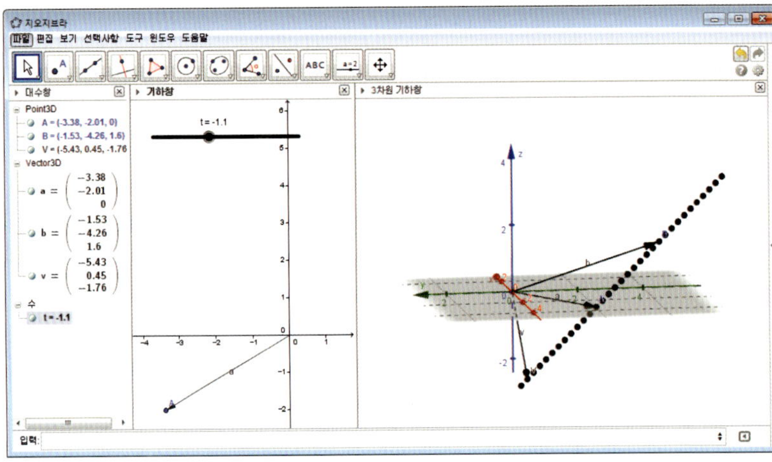

[9]마우스 오른쪽 버튼을 클릭 한 채 드래그하면 3차원 기하창을 다른 각도에서 관찰할 수 있다.

공간벡터 예제 2 (두 평면이 이루는 각)

두 평면 $3x - y + z + 1 = 0$, $2x + y - 5z + 3 = 0$ 이 이루는 각의 크기를 구하시오.

(1) 주어진 두 평면을 만들기 위해 입력창에 다음과 같이 차례로 입력한다.

```
a : 3x - y + z + 1 = 0
b : 2x + y - 5 z + 3 = 0
```

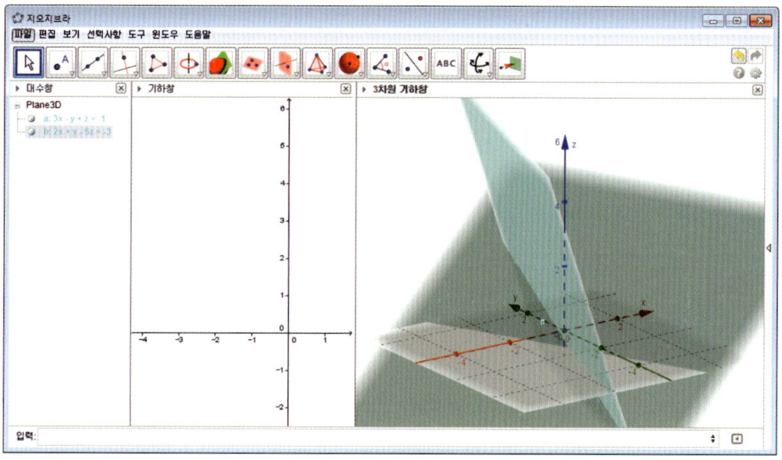

(2) 두 평면의 수직벡터를 구하기 위해 입력창에 다음과 같이 입력한다.

```
u = 수직벡터[ a ]
v = 수직벡터[ b ]
```

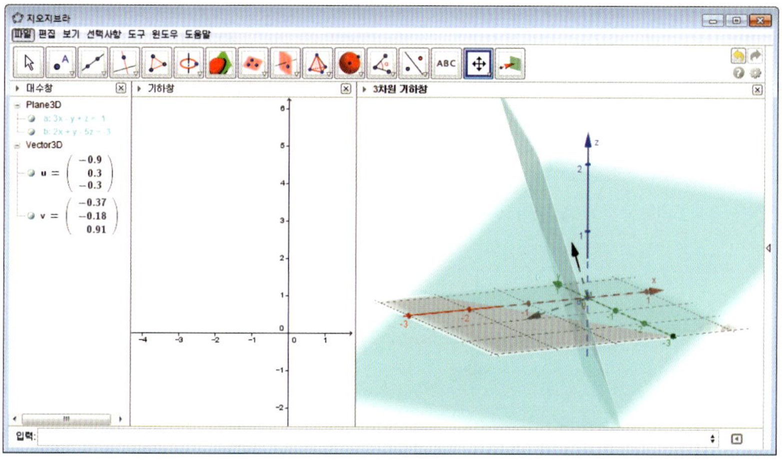

3) 두 벡터의 끝점과 원점을 나타내기 위해, 입력창에 다음과 같이 입력한다.[10]

```
U = u
V = v
O = ( 0 , 0 , 0 )
```

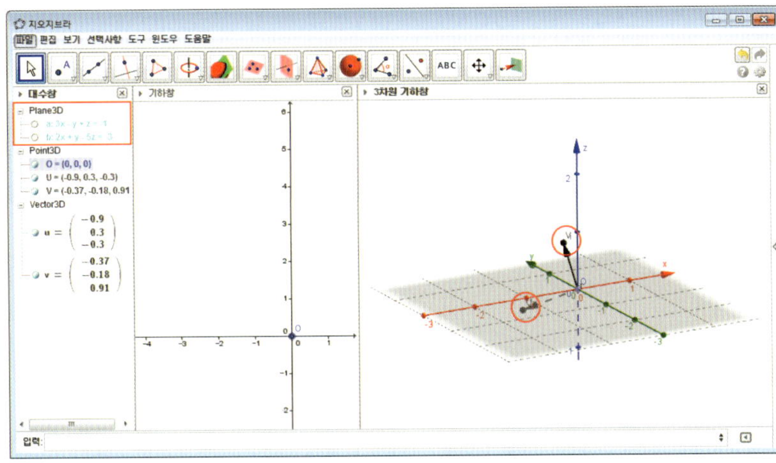

4) 두 벡터가 이루는 각을 구하기 위해, 각 도구를 선택한 후 점 U, 점 O, 점 V 를 클릭 하면 두 벡터가 이루는 각이 90° 임을 알 수 있다.

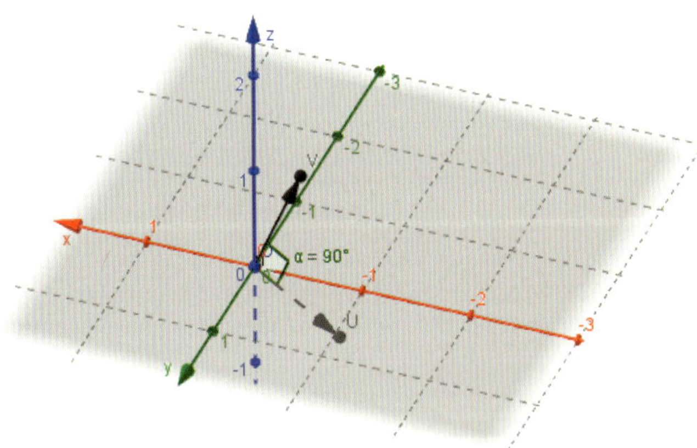

[10] 두 벡터를 명확히 나타나기 위해, 평면 앞의 보이기 버튼 을 클릭 하여 평면이 보이지 않도록 하였다.

공간벡터 예제 3 (구의 접평면)

점 `A = ( 2 , 0 , 0 )` 을 중심으로 하고 반지름이 2인 구 위의 점 B 에서의 접평면을 구하시오.

1 점 A 를 만들기 위해, 입력창에 다음과 같이 입력한다.

```
A = ( 2 , 0 , 0 )
```

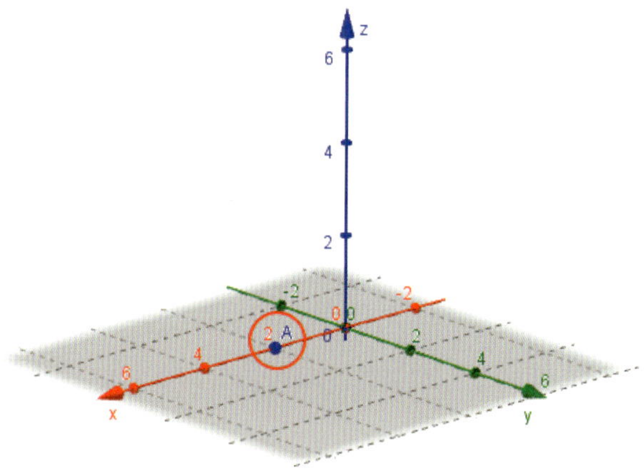

2 중심과 반지름이 있는 구 도구를 선택한 후, 점 A 를 클릭 하면 중심과 반지름이 있는 구 대화상자가 나타난다. 이 대화상자에 2를 입력하고 확인 을 클릭 하면 구가 나타난다.

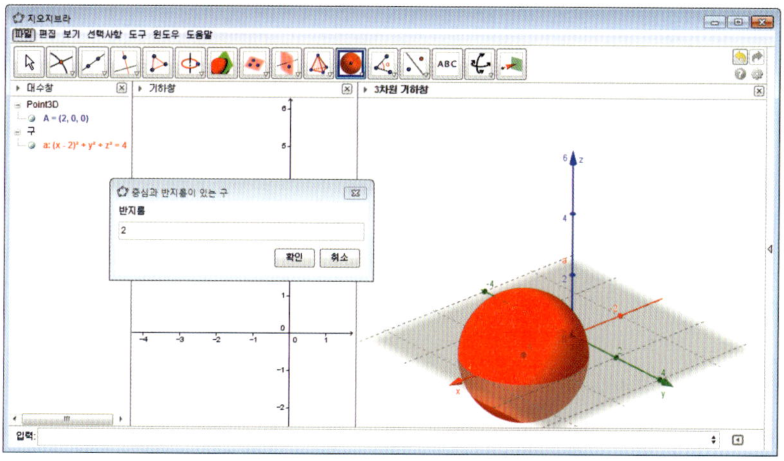

(3) 점 도구를 선택한 후, 구면 위에 마우스 포인터를 놓으면 굽은 십자로 바뀐다. 이 때, 구면 위에서 클릭 하면 구면 위의 점 B 가 만들어진다.

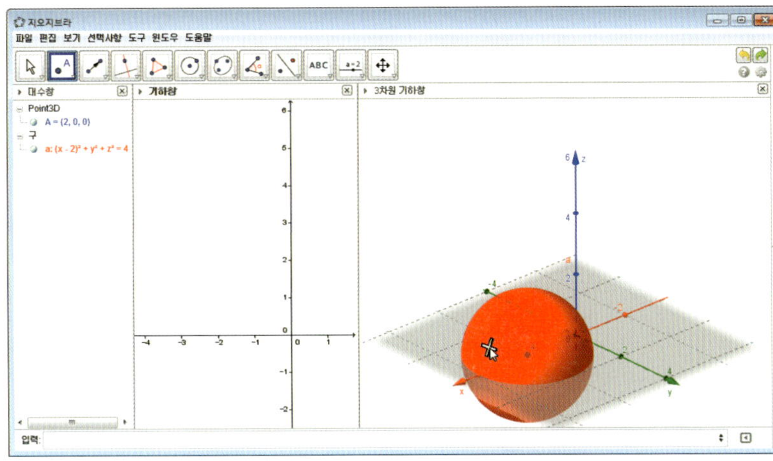

(4) 벡터 도구를 선택한 후, 점 A , B 를 클릭 하면 벡터 v 가 나타난다.[11]

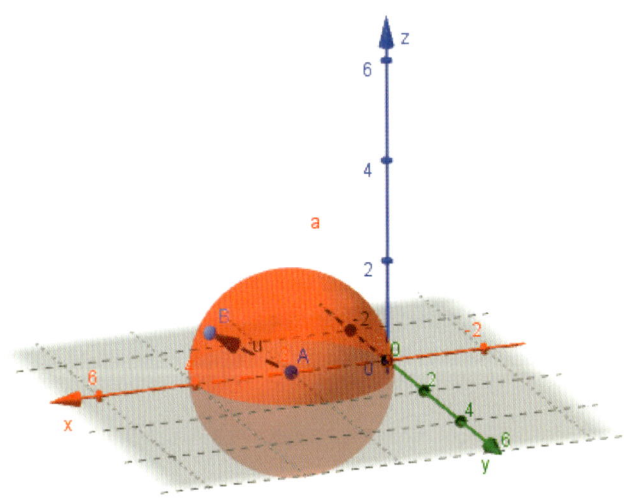

[11]벡터 v 는 접평면의 수직벡터로 사용하기 위해 만든 것이다.

(5) 수직평면 도구를 선택한 후, 벡터 v 와 점 B 를 클릭 하면 구면 위에서 점 B 에 대한 접평면이 나타난다.

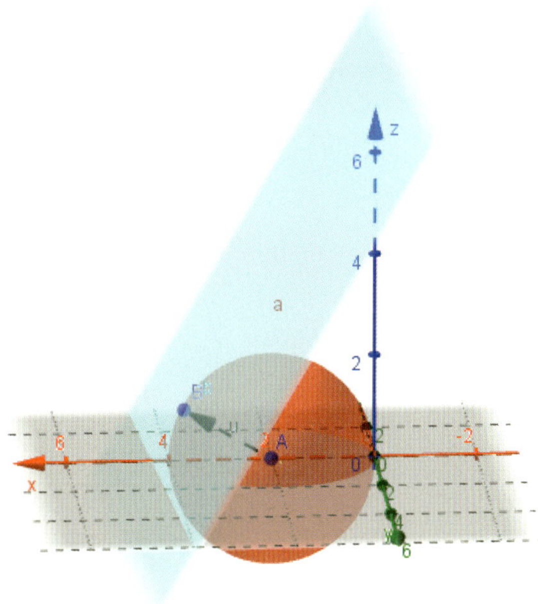

6

곡선과 곡면

6.1 곡선

지오지브라의 3차원 기하창을 활용하면 다양한 3차원 곡선을 그려볼 수 있다. 이 절에서는 곡선 명령을 사용하여 대표적인 3차원 곡선들을 그려보고자 한다.

곡선 예제

곡선 예제

아래 주어진 매개곡선을 3차원 기하창에 표현하시오. (단, t 의 범위는 0 부터 4π 이다.)

```
(01) x(t) = t cos(t) ; y(t) = t sin(t) ; z(t) = t
(02) x(t) = sin(2t)  ; y(t) = cos(t)   ; z(t) = t
(03) x(t) = cos(t)   ; y(t) = sin(t)   ; z(t) = t
(04) x(t) = t        ; y(t) = 0        ; z(t) = t
(05) x(t) = t        ; y(t) = t cos(t) ; z(t) = t sin(t)
(06) x(t) = 3 cos(t) + cos(10t) cos(t) ; y(t) = 3 sin(t) + cos(10t) sin(t)
     ; z(t) = sin(10t)
(07) x(t) = t cos(t) ; y(t) = t        ; z(t) = t cos(t)
(08) x(t) = 5 cos(t) - cos(5t) ; y(t) = 5 sin(t) - sin(5t)  ; z(t) = t
```

(1) 01 번 매개곡선을 3차원 기하창에 표현하려면, 입력창에 다음과 같이 입력한다.

```
곡선[ t cos(t) , t sin(t) , t , t , 0 , 4 pi ]
```

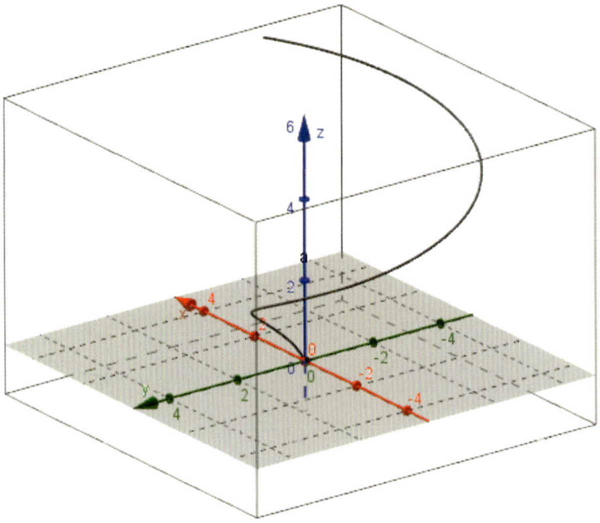

(2) 02 번 매개곡선을 3차원 기하창에 표현하려면, 입력창에 다음과 같이 입력한다.

```
곡선[ sin(2t) , cos(t) , t , t , 0 , 4 pi ]
```

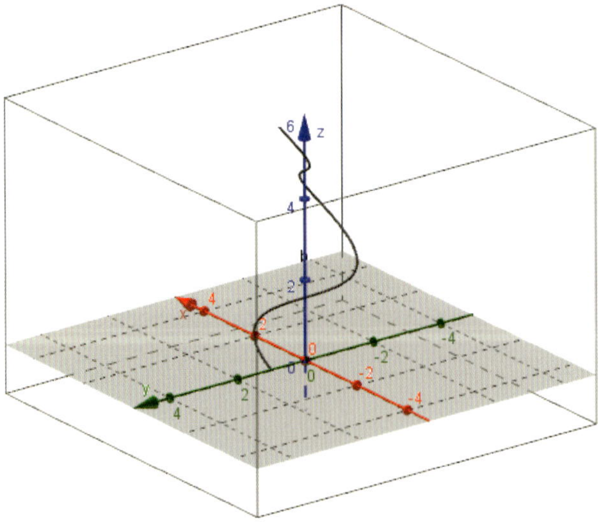

3 03 번 매개곡선을 3차원 기하창에 표현하려면, 입력창에 다음과 같이 입력한다.

```
곡선[ cos(t) , sin(t) , t , t , 0 , 4 pi ]
```

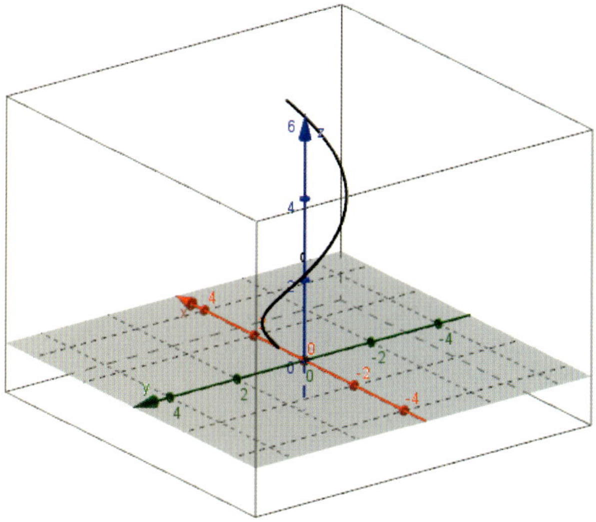

4 04 번 매개곡선을 3차원 기하창에 표현하려면, 입력창에 다음과 같이 입력한다.

```
곡선[ t , 0 , t , t , 0 , 4 pi ]
```

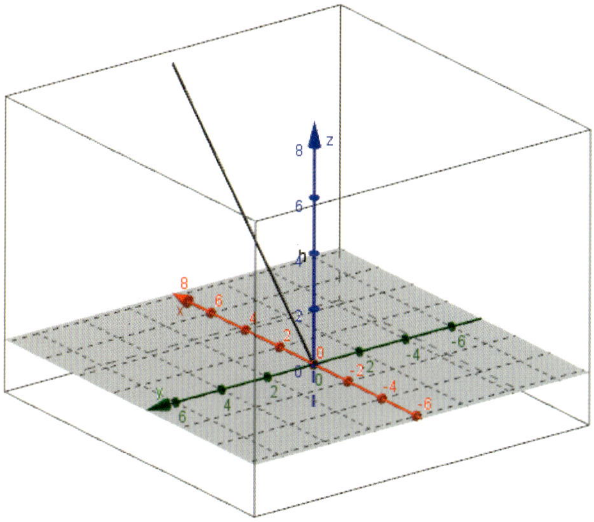

5) 05 번 매개곡선을 3차원 기하창에 표현하려면, 입력창에 다음과 같이 입력한다.

```
곡선[ t , t cos(t) , t sin(t) , t , 0 , 4 pi ]
```

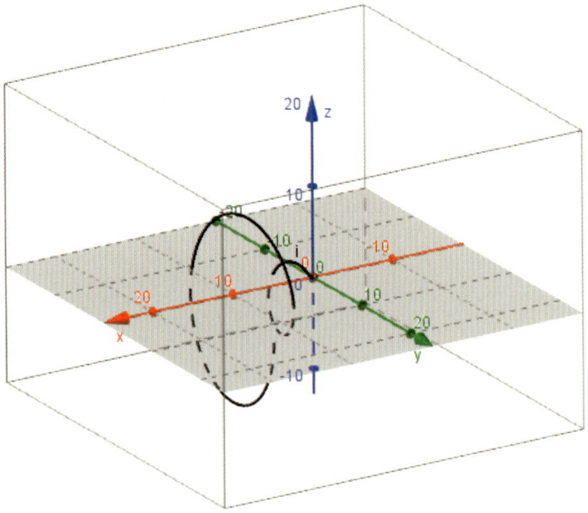

6) 06 번 매개곡선을 3차원 기하창에 표현하려면, 입력창에 다음과 같이 입력한다.

```
곡선[ 3 cos(t) + cos(10t) cos(t) , 3 sin(t) + cos(10t) sin(t) ,
      sin(10t) , t , 0 , 4 pi ]
```

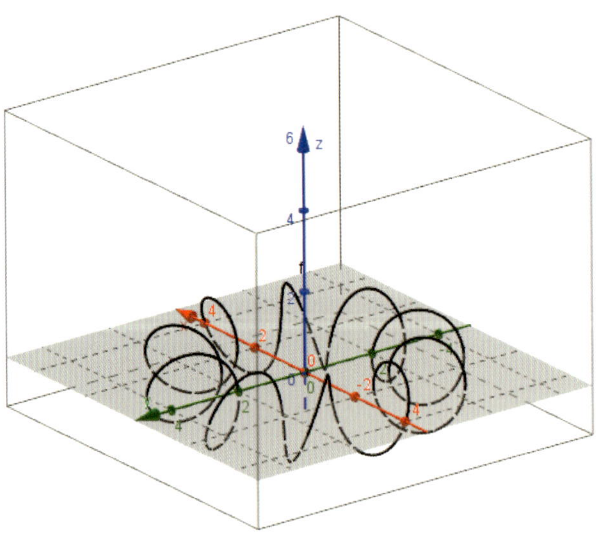

(7) 07 번 매개곡선을 3차원 기하창에 표현하려면, 입력창에 다음과 같이 입력한다.

```
곡선[ t cos(t) , t , t cos(t) , t , 0 , 4 pi ]
```

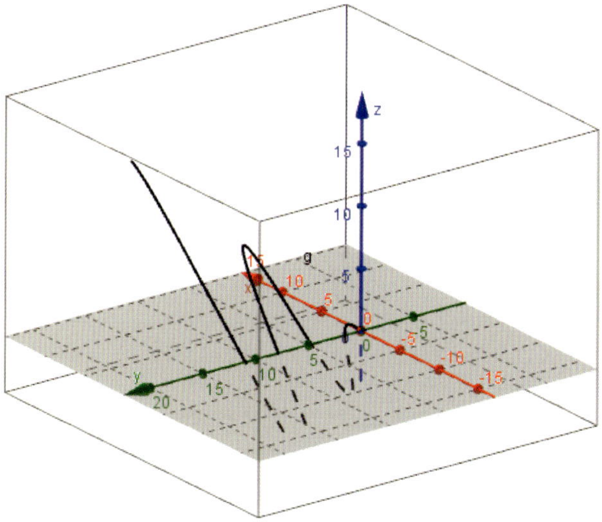

(8) 08 번 매개곡선을 3차원 기하창에 표현하려면, 입력창에 다음과 같이 입력한다.

```
곡선[ 5 cos(t) - cos(5t) , 5 sin(t) - sin(5t) , t , t , 0 , 4 pi ]
```

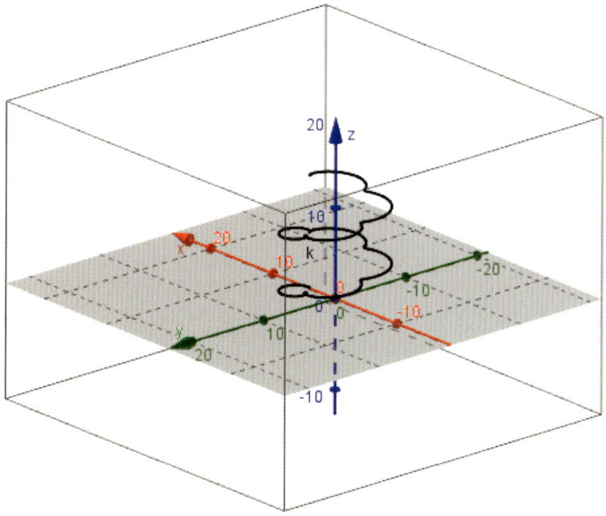

6.2 곡면

지오지브라의 3차원 기하창을 활용하면 다양한 3차원 곡면을 그려볼 수 있다. 이 절에서는 곡면 명령을 활용하여 대표적인 3차원 곡면을 몇 가지 살펴보고자 한다.

곡면 예제

곡면 예제 1

아래 주어진 매개화된 곡면을 3차원 기하창에 표현하시오.

```
(01) x = u cos(v) - 1 / 3 u^3 cos(3v) ; y = (-u) / 3 (u^2 sin(3v) + 3sin(v))
; z= u^2 cos(2v) ; (  0 <= u <= 3 , 0 < v < 2pi )
(02) x = cos(u) sin(v) ; y = sin(u) sin(v) ; z = cos(v) + log(tan( v / 2 ))
; (  0 <= u <= 2pi , 0 < v < pi )
(03) x = 3 u ; y = 3 v ; z = 3 ln( cos(u) sec(v) )
; (  -5 <= u <= -5 , -5 <= v <= -5 )
(04) x = ( 1 + ( v / 2 ) ( cos(u/2) ) ) cos(u)
; y = ( 1 + ( v / 2 ) ( cos(u/2) ) ) sin(u) ; z = (v/2) sin(u/2)
; (  0 <= u < 2pi , -1 <= v <= 1 )
```

(1) 01 번 곡면을 3차원 기하창에 표현하려면, 입력창에 다음과 같이 입력한다.[1]

```
곡면[ u cos(v) - 1 / 3 u^3 cos(3v) , (-u) / 3 (u^2 sin(3v) + 3sin(v)),
      u^2 cos(2v) , u , 0 , 3 , v , 0 , 2 pi ]
```

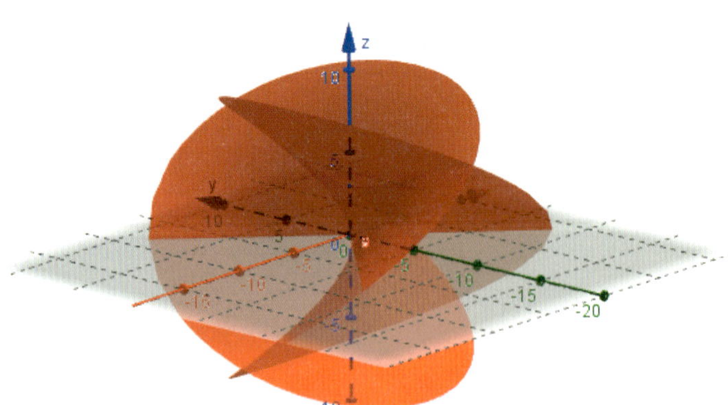

[1]이 곡면은 엔네퍼의 곡면(Enneper's surface)이다.

2 02 번 곡면을 3차원 기하창에 표현하려면, 입력창에 다음과 같이 입력한다.[2]

```
곡면[ 3 u , 3 v , 3 ln( cos(u) sec(v) ) , u , -5 , 5 , v , -5 , 5 ]
```

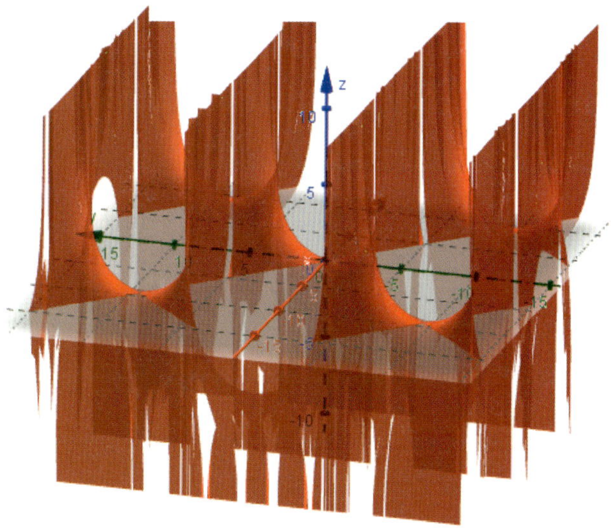

3 03 번 곡면을 3차원 기하창에 표현하려면, 입력창에 다음과 같이 입력한다.[3]

```
곡면[ cos(u) sin(v) , sin(u) sin(v) , cos(v) + log(tan( v / 2 )) ,
      u , 0 , 2 pi , v , 0 , pi ]
```

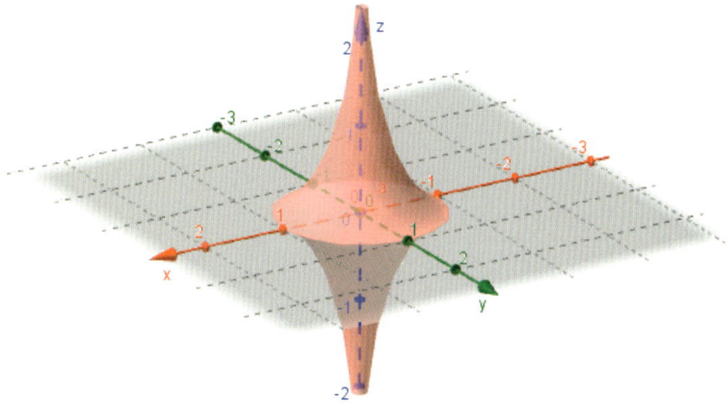

[2]이 곡면은 셰크 곡면(Scherk surface)이다.
[3]이 곡면은 의구(Pseudosphere)이다.

(4) 04 번 곡면을 3차원 기하창에 표현하려면, 입력창에 다음과 같이 입력한다.[4]

```
곡면[ (1 + (v/2) cos(u/2)) cos(u) , (1 + (v/2) cos(u/2) ) sin(u) ,
      (v/2) sin(u/2) , u , 0 , 2pi , v , -1 , 1 ]
```

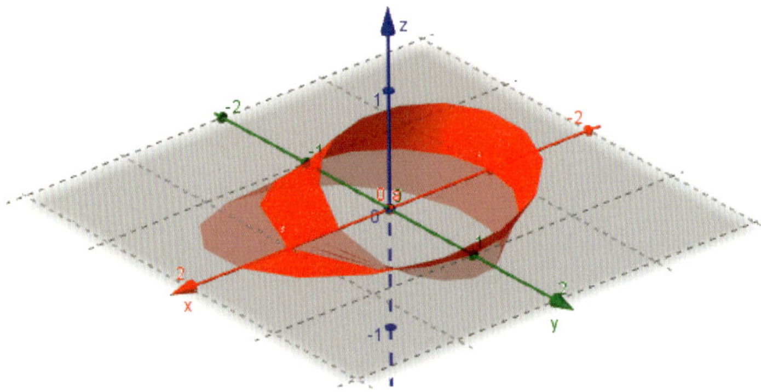

[4]이 곡면은 뫼비우스의 띠(Möbius strip)이다.

곡면 예제 2 [토러스(Torus)]

토러스(Torus)를 3차원 기하창에 표현하시오.

(1) 3차원 기하창에 토러스를 표현하려면, 입력창에 다음과 같이 입력한다.

```
곡면[ ( R + r cos(v) ) cos(u) , ( R + r cos(v) ) sin(u) , r sin(v) ,
      u , 0 , a , v , 0 , b ]
```

이 때, 정해지지 않은 변수인 R , a , b , r 에 대한 슬라이더 만들기 대화상자가 나타난다. 이 대화상자에서 [슬라이더 만들기] 를 클릭 한다.

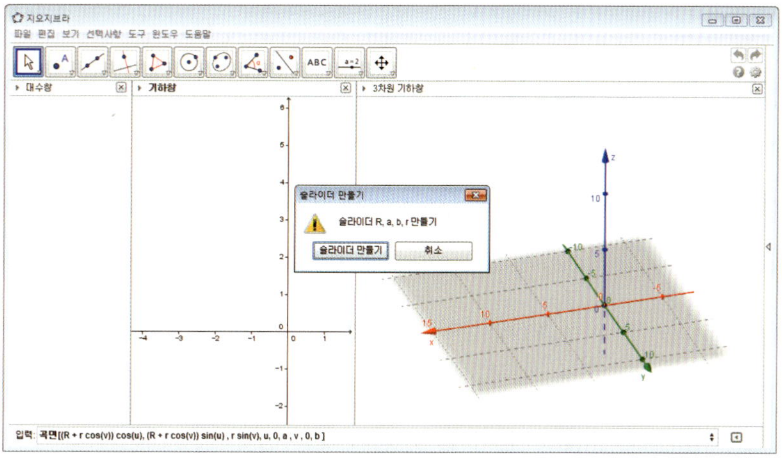

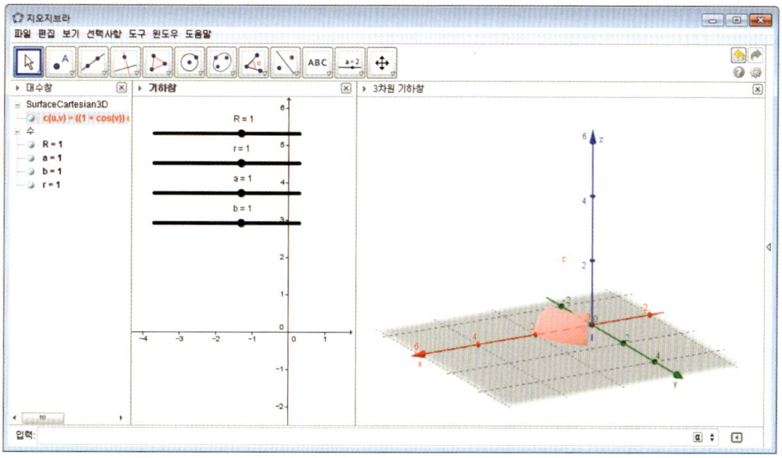

② 설정사항 창에서 슬라이더의 범위를 조절한다.

```
R : 0 부터 5 까지
r : 0 부터 R 까지
a : 0 부터 2 pi 까지
b : 0 부터 2 pi 까지
```

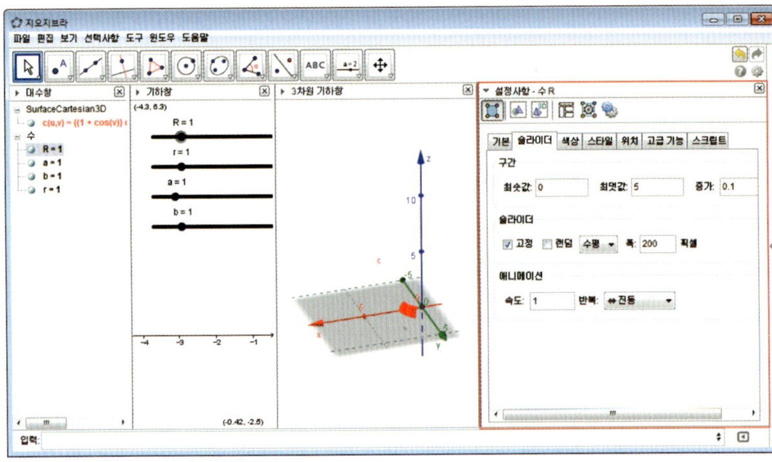

③ 슬라이더를 아래의 값으로 조절하면 토러스가 나타난다.

```
R : 2.5
r : 0.5
a : 6.28
b : 6.28
```

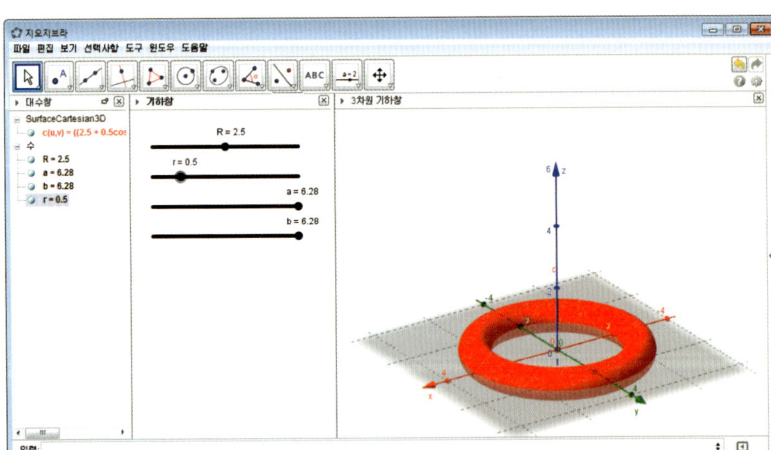

곡면 예제 3 [클라인 병(Kline bottle)의 절단면]

클라인 병(Kline bottle)의 절단면이 뫼비우스의 띠(Möbius strip)임을 알아보시오.

(1) 3차원 기하창에 클라인 병을 표현하려면, 입력창에 다음과 같이 차례로 입력한다.

```
r(x) = 4 ( 1 - cos(x) / 2 )
f1 = 곡면[6 cos(u) (1 + sin(u)) + r(u) cos(u) cos(v), 16sin(u) +
         r(u) sin(u) cos(v), r(u) sin(v), u, 0, pi, v, 0, 2pi]
f2 = 곡면[6 cos(u) (1 + sin(u)) - r(u) cos(v), 16sin(u), r(u) sin(v),
         u, pi, 2pi, v, 0, 2pi]
```

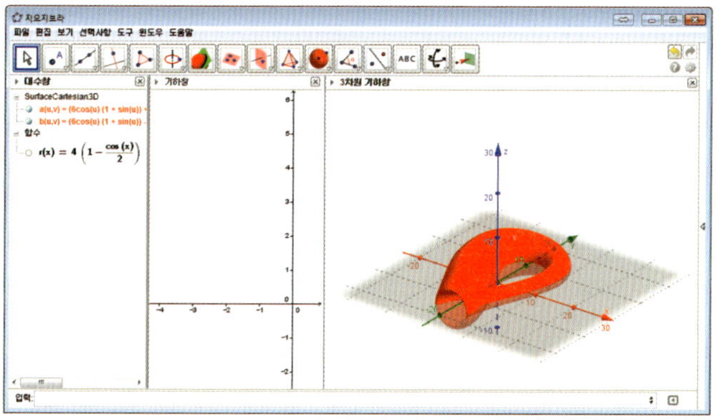

(2) 클라인 병이 만들어지는 과정을 관찰하려면, 슬라이더 a=2 도구를 선택한 후 기하창을 클릭 하여 슬라이더 t 를 만든다.[5]

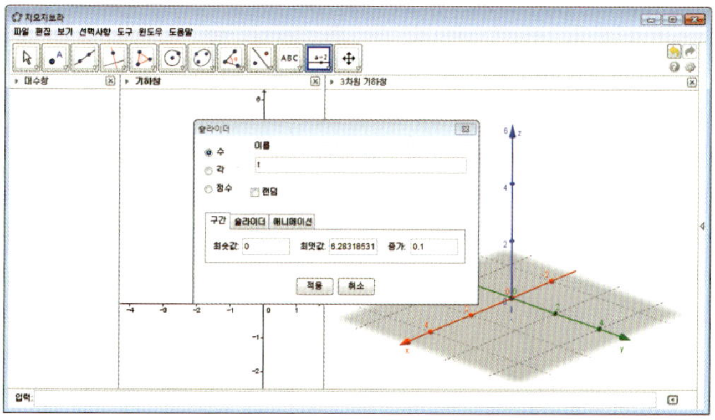

[5]슬라이더 a=2 도구는 (2차원) 기하창의 도구이므로 (2차원) 기하창을 클릭 해야 사용할 수 있다. 슬라이더 t 의 범위는 0 부터 2 pi 이다.

3 3차원 기하창에 슬라이더 t 에 의해 변화되는 클라인 병을 표현하기 위해, 입력창에 다음과 같이 차례로 입력한다.

```
r(x) = 4 ( 1 - cos(x) / 2 )
곡면[6 cos(u) (1 + sin(u)) + r(u) cos(u) cos(v), 16sin(u) +
     r(u) sin(u) cos(v), r(u) sin(v), u, 0, pi, v, 0, t]
곡면[6 cos(u) (1 + sin(u)) - r(u) cos(v), 16sin(u), r(u) sin(v),
     u, pi, 2pi, v, 0, t]
```

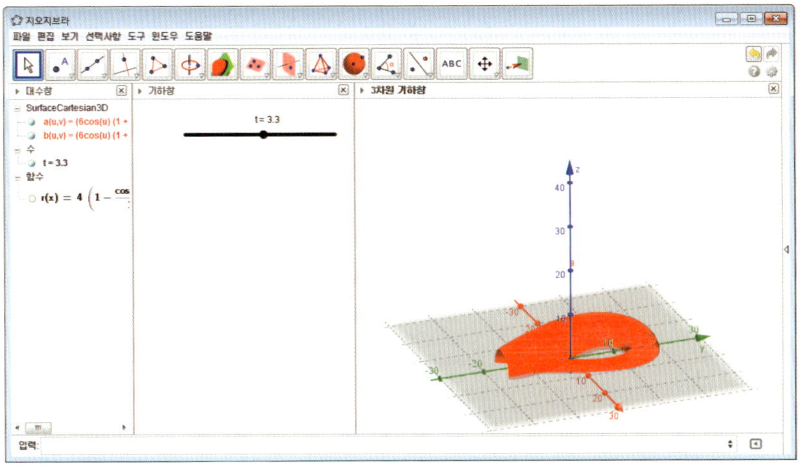

4 슬라이더 t 의 값을 3.2 로 하면, 클라인 병이 반으로 나누어진 모습을 볼 수 있다. 클라인 병을 반으로 나누면 뫼비우스 띠 (Möbius strip) 가 된다.

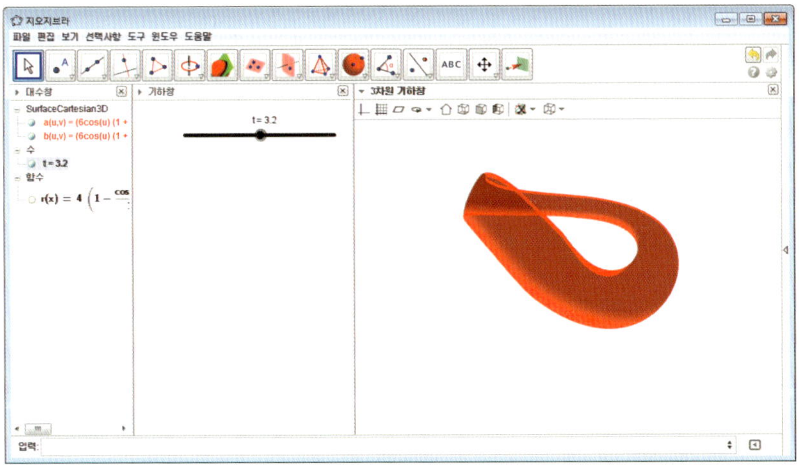

7
적분

적분을 다룰 때 입체에 대한 구분구적법이나 회전체에 대한 적분과 같이 입체 도형이 연관된 경우가 있다. 이 절에서는 지오지브라의 3차원 기하창을 이용해 구분구적법과 회전체에 대한 적분을 설명하기 위한 자료를 작성해 본다.

7.1 구분구적법

구분구적법 예제 1

밑면의 반지름이 2이고, 높이가 3인 원뿔의 부피를 구하는 과정을 설명하는 자료를 지오지브라에서 작성하시오.

(1) 원점을 중심으로 하고 반지름이 2인 원 c 를 그리려면, 입력창에 다음과 같이 입력한다.

```
c : x^2 + y^2 = 2^2
```

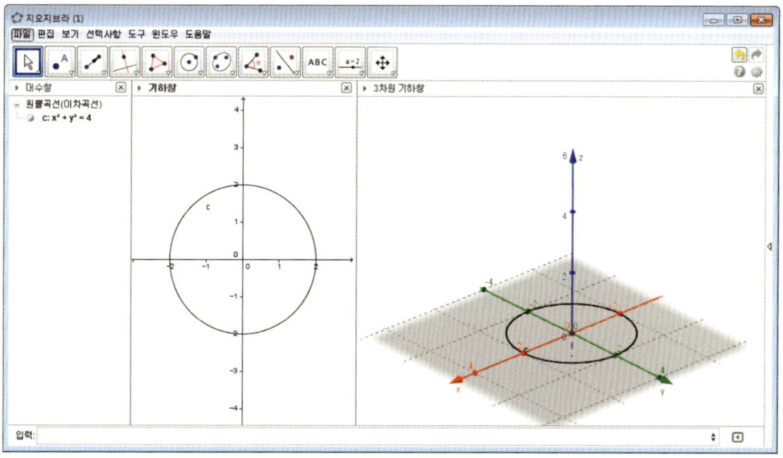

(2) 밑면이 원 c 이고 높이가 3인 원뿔을 만들려면, 입력창에 다음과 같이 입력한다.

```
원뿔[ c , 3 ]
```

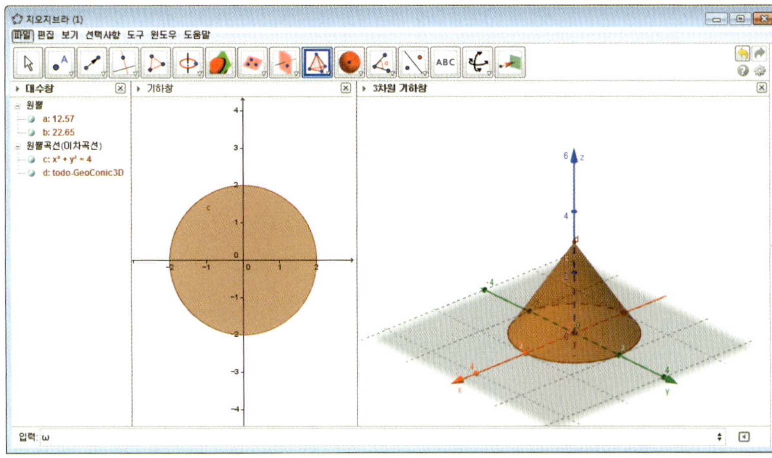

(3) 슬라이더 a=2 도구를 선택한 후, 기하창을 클릭하면 슬라이더 대화상자가 나타난다. 대화상자에서 정수 를 선택한 후 적용 을 클릭한다.

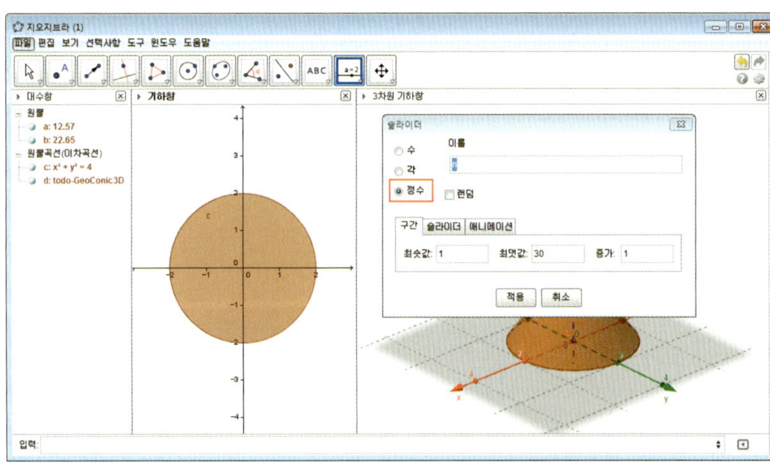

④ 기하창에 슬라이더 n 이 나타난다.

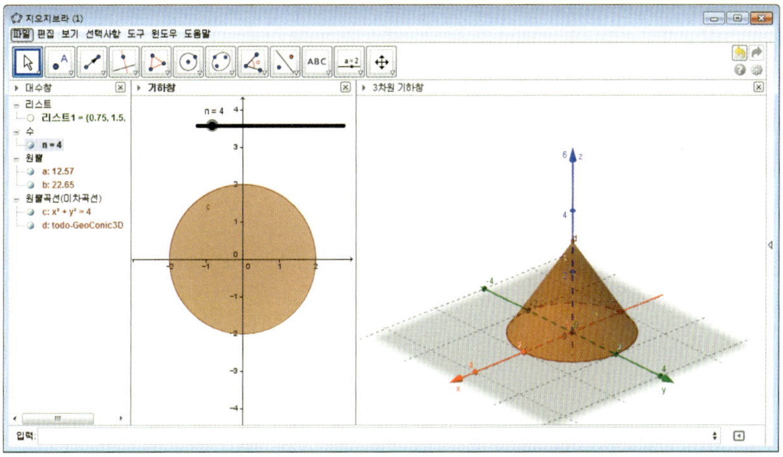

⑤ 높이가 일정한 원기둥을 쌓아 원뿔 내부에 접하게 하려면, 입력창에 다음과 같이 입력한다.

```
리스트1 = 수열[원기둥[(0, 0, 3(k - 1) / (n + 1)), (0, 0, 3 k / (n + 1)),
       2 - 2 k / (n + 1)], k, 1, n + 1]
```

원기둥의 부피의 합을 구하려면, 입력창에 다음과 같이 입력한다.[1]

```
합[ 리스트1 ]
```

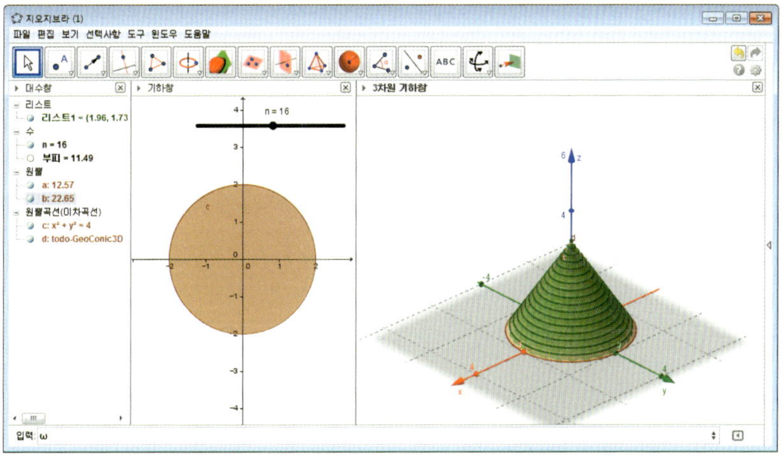

[1]위 명령을 실행하면, 원기둥의 수열이 나타난다. 합[] 명령을 이용하면 리스트의 원소의 합을 구할 수 있다.

구분구적법 예제 2

좌표공간에서 $0 \le x \le \frac{\pi}{2}$ 일 때, 두 점 $P(x, 0, \cos^2 x)$, $Q(x, 1-\sin x, 0)$ 을 연결하는 직선이 움직여 생기는 곡면과 세 좌표평면으로 둘러싸인 입체의 부피 V를 구하여라.

방법 1(자취 보이기)

1. 주어진 문제의 단면을 만들려면 입력창에 다음과 같이 입력한다. 이 때 지오지브라에서는 t라는 변수가 없는 상태이므로 슬라이더 만들기 대화상자가 나타나 슬라이더를 만들 것인가 물어본다. [슬라이더 만들기] 를 클릭 한다.

```
[지오지브라 명령]
R = ( t , 0 , 0 )
```

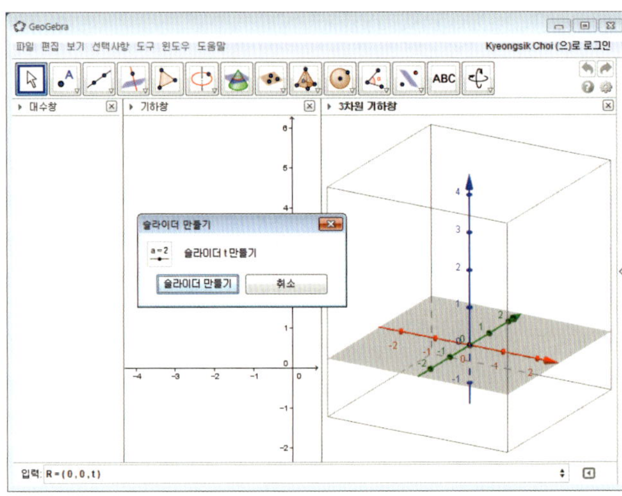

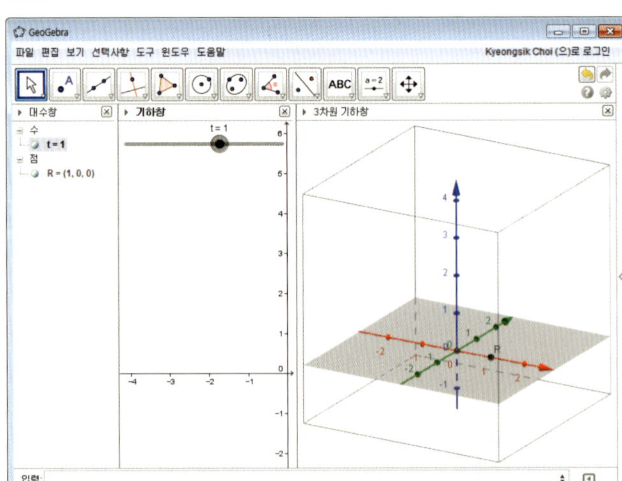

(2) 점 P, 점 Q를 만들고 다각형 PQR을 정의하려면 입력창에 다음과 같이 차례로 입력한다.

```
[지오지브라 명령]
P = ( t , 0 , cos( t )^2 )
Q = ( t , 1 - sin( t ) , 0 )
다각형[ P , Q , R ]
```

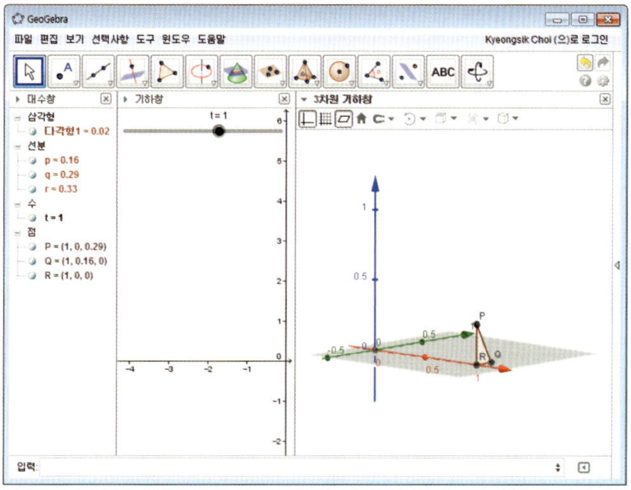

(3) 제시된 예제에서 범위를 $0 \le x \le \frac{\pi}{2}$ 라고 제시하였으므로 슬라이더 t의 범위를 제한하는 것이 필요하다. 슬라이더 t 위에서 마우스 오른쪽 버튼을 클릭 한 후 설정사항을 클릭 하면 설정사항 대화상자가 나타난다. 설정사항 대화상자의 슬라이더 탭에서 최솟값을 0, 최댓값을 $\frac{\pi}{2}$ 로 설정한다. 이 때 최솟값, 최댓값 옆의 입력상자에는 0, pi / 2를 차례로 입력한다.

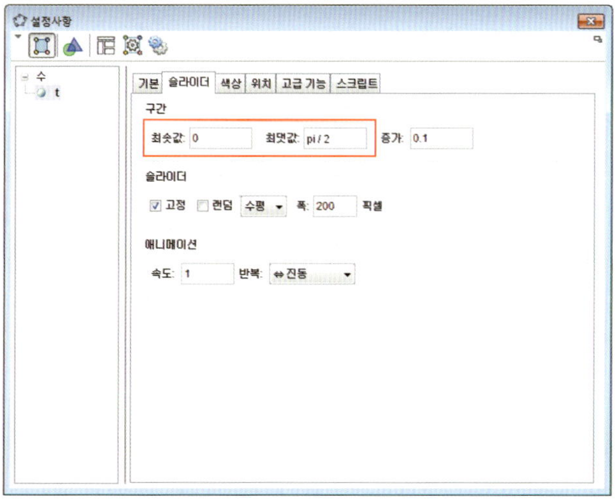

(4) 단면의 자취를 관찰하기 위해 다각형 PQR 위에서 마우스 오른쪽 버튼을 클릭 한 후 자취 보이기를 선택하고 슬라이더 t를 드래그한다.

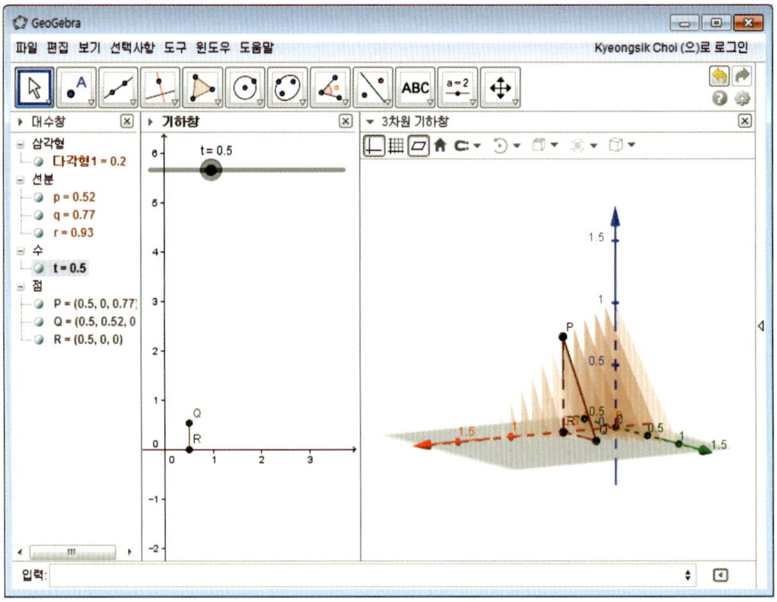

(5) 다른 방향에서 도형을 관찰하려면 마우스 오른쪽 버튼을 클릭 한 채 드래그한다.

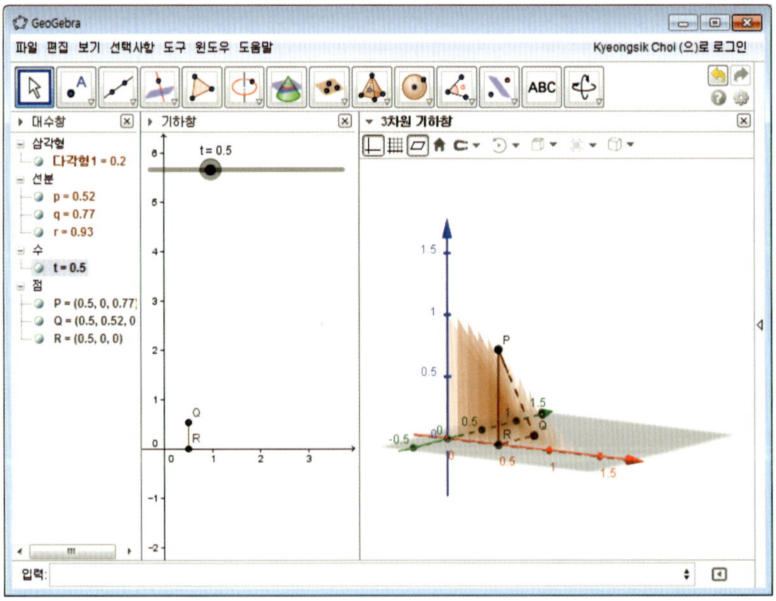

방법 2(수열과 사상[ ] 명령)

(1) n개로 주어진 구간 $0 \le x \le \frac{\pi}{2}$를 분할하기 위해 슬라이더 n을 정의한다. 슬라이더 [a=2] 도구를 선택한 후 기하창을 클릭 하여 정수 n을 만든다.

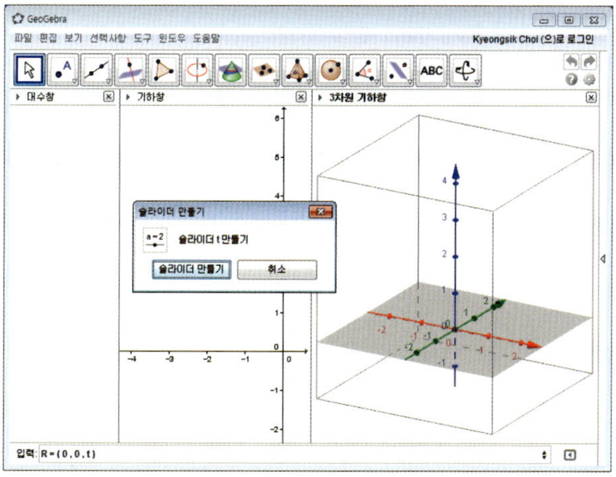

(2) 먼저 단면의 수열을 만들어 보자. 주어진 구간을 n 개로 분할했을 때 k 번째 x값은 $\frac{\pi \cdot k}{2 \cdot n}$ 이며 이를 좌표로 나타내면 $X_k\left(\frac{\pi \cdot k}{2 \cdot n}, 0, 0\right)$ 이다.
이 때 $P_k\left(\frac{\pi \cdot k}{2 \cdot n}, 0, \cos^2 \frac{\pi \cdot k}{2 \cdot n}\right)$, $Q_k\left(\frac{\pi \cdot k}{2 \cdot n}, 1 - \sin \frac{\pi \cdot k}{2 \cdot n}, 0\right)$ 라는 점을 생각할 수 있으며 삼각형 $X_k P_k Q_k$ 의 수열을 정의할 수 있다. 이를 지오지브라 명령어로 나타내면 아래와 같다.

```
[지오지브라 명령]
수열[ 다각형[ ( (pi k) / (2 n) , 0 , cos( (pi k) / (2 n) )^2 ) ,
( (pi k) / (2 n) , 1 - sin( (pi k) / (2 n) ) , 0 ) ,
( (pi k) / (2 n) , 0 , 0 ) ] , k , 1 , n - 1 ]
```

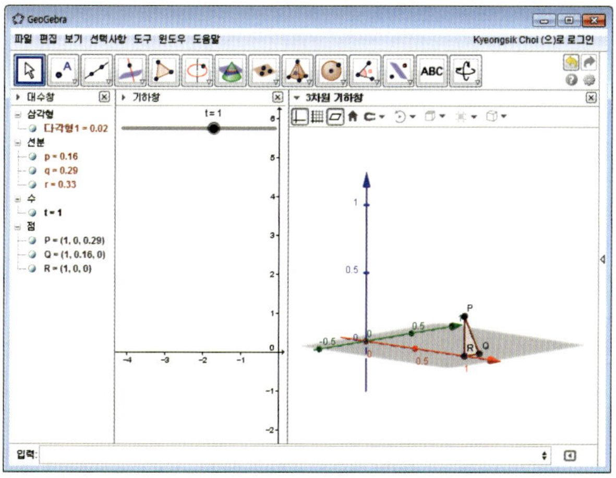

(3) 밑면의 수열에서 항을 뽑아내어 각기둥[2]의 수열을 만들려면 사상[ ][3] 명령을 사용해야 한다. 각기둥의 수열을 만들기 위해 입력창에 다음과 같이 입력한다.[4]

```
[지오지브라 명령]
사상[ 각기둥[ A , ( pi / ( 2 n ) ) ] , A , 리스트1 ]
```

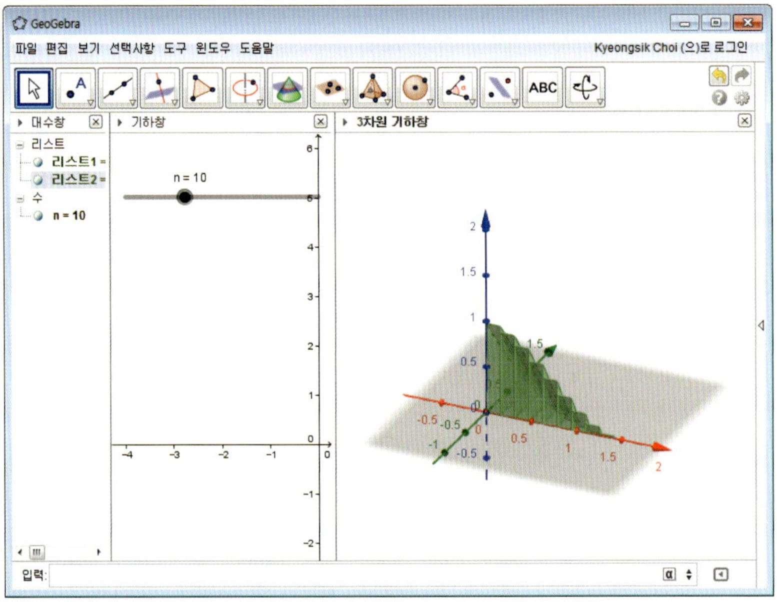

[2]각기둥[다각형 , 높이]

[3]사상[식 , 변수 1 , 리스트 1 , 변수 2 , 리스트 2 , ...]

[4]밑면의 수열의 이름이 리스트1이라고 가정한다. 사상[ ] 명령에서 "A , 리스트1" 이라는 부분은 $A \in$ 리스트1이라고 이해하면 편리하다. 참고로 이와 같은 방식으로 여러 개의 자리지기 변수(dummy variable)와 리스트를 사용하는 것이 가능하다.

방법 3(곡면[ ] 명령)

1 곡면[ ] 명령을 사용하려면 두 변수 (u, v) 에 대하여 곡면 위의 점을 정의해야 한다.

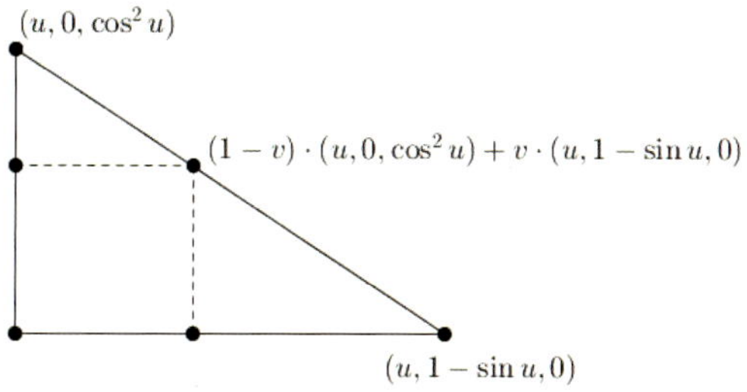

2 곡면 위의 점은 제시된 두 점을 연결한 선분 위에 있으므로 다음과 같이 제시할 수 있다.

$(1-v)\cdot(u, 0, \cos^2 u) + v\cdot(u, 1-\sin u, 0) \quad$ (단, $u \in \left[0, \frac{\pi}{2}\right], v \in [0, 1]$)

이 때 각 점의 좌표는 다음과 같다.

```
[지오지브라 명령]
x좌표: ( 1 - v ) u + u v
y좌표: v ( 1 - sin( u ) )
z좌표: ( 1 - v ) cos( u )^2
```

따라서 구하고자 하는 곡면을 그리려면 입력창에 다음과 같이 입력한다.

```
[지오지브라 명령]
곡면[ ( 1 - v ) u + u v , v ( 1 - sin( u ) ) ,
    ( 1 - v ) cos( u )^2   , u , 0 , pi / 2 , v , 0 , 1 ]
```

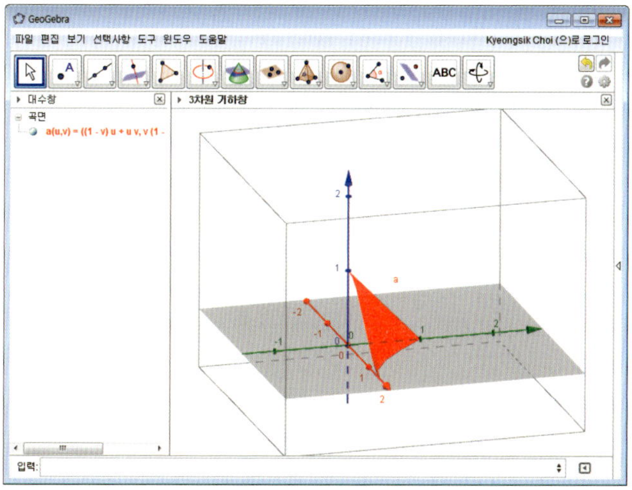

7.2 회전체

회전체 예제

회전체 예제 1 (x축을 중심으로 회전한 회전체)

함수 $y = \sin x$, x축 , y축 , 직선 $x = 1$ 로 둘러싸인 도형을 x축을 회전축으로 하여 회전시킬 때 생기는 회전체의 모양을 3차원 기하창에 나타내시오.

1. 주어진 부분에 대하여 x축 을 중심으로 회전한 도형을 그리려면, 입력창에 다음과 같이 입력한다.[5]

```
f(x) = sin(x)
곡면[ u , f(u) cos(v) , f(u) sin(v) , u , 0 , 1 , v , 0 , 2 pi ]
```

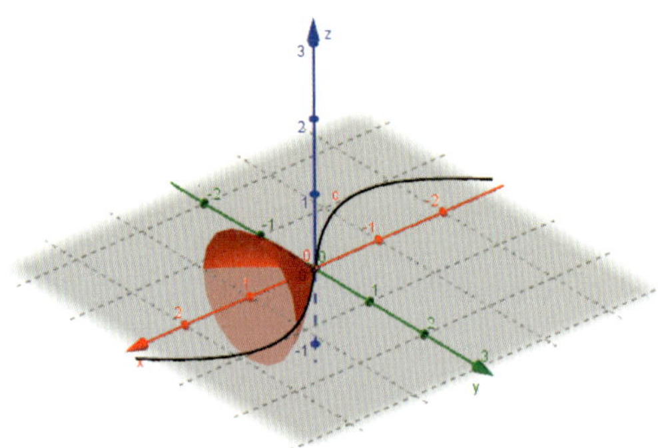

2. 회전체가 만들어지는 과정을 관찰하려면, v의 범위를 0부터 t로 입력한다.[6]

```
곡면[ u , f(u) cos(v) , f(u) sin(v) , u , 0 , 1 , v , 0 , t ]
```

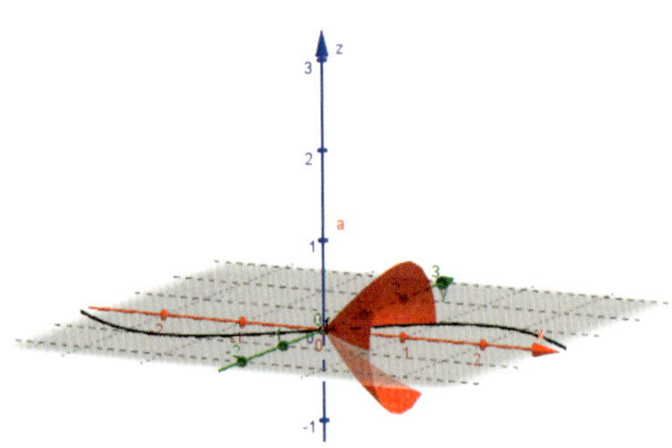

[5]여기 제시한 방법은 곡면[] 명령을 이용한 것이다. 직선 주위로 회전 도구를 사용하여 그래프를 회전하는 방법도 있다.

[6]슬라이더 t 가 미리 만들어지지 않은 경우, 슬라이더 만들기 대화상자가 나타난다.

회전체 예제 2 (y축을 중심으로 회전한 회전체)

함수 $y = \sin x$, x축 , y축 , 직선 $x = 1$ 로 둘러싸인 도형을 y축을 회전축으로 하여 회전시킬 때 생기는 회전체의 모양을 3차원 기하창에 나타내시오.

(1) 주어진 부분에 대하여 y축 을 중심으로 회전한 도형을 그리려면, 입력창에 다음과 같이 입력한다.[7]

```
f(x) = sin(x)
곡면[ u cos(v) , f(u) , u sin(v) , u , 0 , 1 , v , 0 , 2 pi ]
```

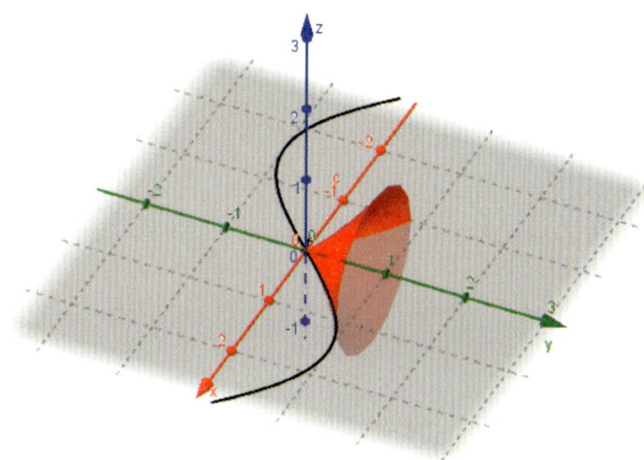

(2) 회전체가 만들어지는 과정을 관찰하려면, v의 범위를 0부터 t로 입력한다.[8]

```
곡면[ u cos(v) , f(u) , u sin(v) , u , 0 , 1 , v , 0 , t ]
```

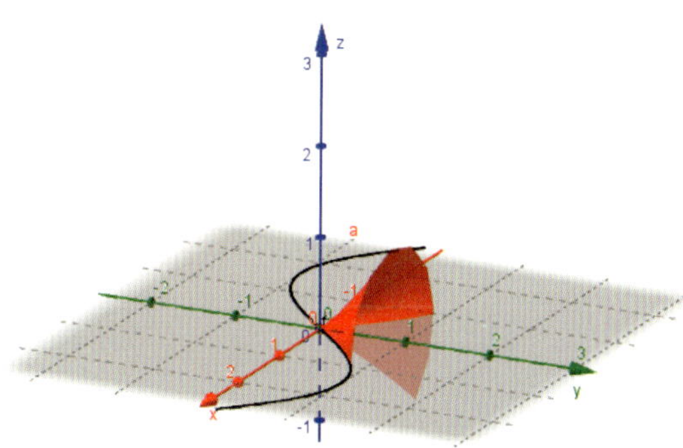

---

[7]여기 제시한 방법은 곡면[] 명령을 이용한 것이다. 직선 주위로 회전 도구를 사용하여 그래프를 회전하는 방법도 있다.

[8]슬라이더 t 가 미리 만들어지지 않은 경우, 슬라이더 만들기 대화상자가 나타난다.

회전체 예제 3 (두 함수의 그래프에 둘러싸인 부분의 회전체)

두 곡선 $\sin x$ 와 $\cos x$ 및 두 직선 $x = -3\pi/4$ 와 $x = \pi/4$ 로 둘러싸인 도형을 x 축을 회전축으로 하여 회전시킬 때 생기는 회전체의 모양을 3차원 기하창에 나타내시오.

(1) 3차원 기하창에 구간 $\left[-\frac{3\pi}{4}, \frac{\pi}{4}\right]$ 에 대하여 함수 $f(x) = \sin x$ 와 $g(x) = \cos x$ 의 그래프를 그리려면 입력창에 다음과 같이 차례로 입력한다.[9]

```
f(x) = 함수[ sin(x) , - 3 pi / 4 , pi / 4 ]
g(x) = 함수[ cos(x) , - 3 pi / 4 , pi / 4 ]
```

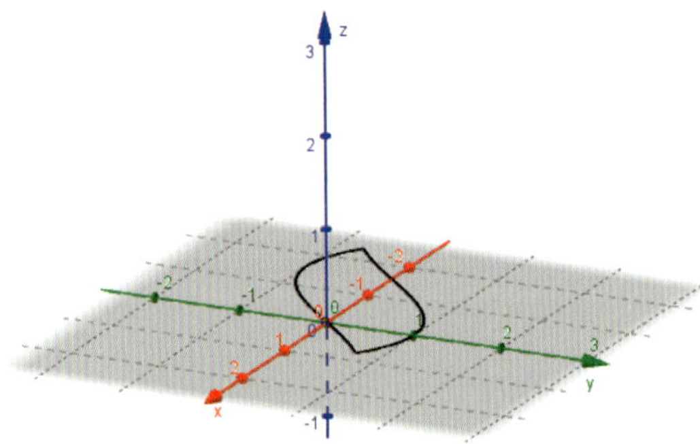

(2) 두 함수의 그래프를 함께 회전시킨 곡면을 만들려면 다음과 같이 차례로 입력한다.

```
곡면[ u , f(u) cos(v) , f(u) sin(v) , u , -3 pi/4 , pi/4 , v , 0 , 2pi ]
곡면[ u , g(u) cos(v) , g(u) sin(v) , u , -3 pi/4 , pi/4 , v , 0 , 2pi ]
```

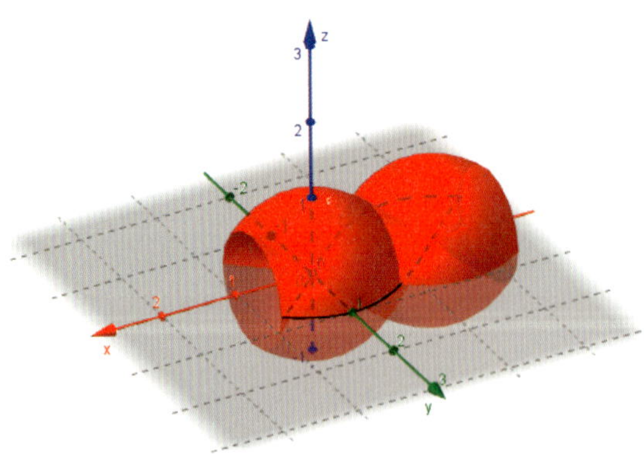

[9]여기 제시한 방법은 곡면[] 명령을 이용한 것이다. 직선 주위로 회전 도구를 사용하여 그래프를 회전하는 방법도 있다.

8

이변수 함수

8.1 이변수 함수

지오지브라에서는 이변수 함수를 정의할 수 있으며, 이변수 함수의 그래프는 3차원 기하창에서 곡면으로 나타난다. 예를 들어, $f(x, y) = x^2 + y^2$ 의 그래프는 3차원 기하창에 그림 8.1과 같이 나타난다. 이 절에서는 이변수 함수 그래프에 대한 이해를 돕기 위한 몇 가지 예제를 다룰 것이다.

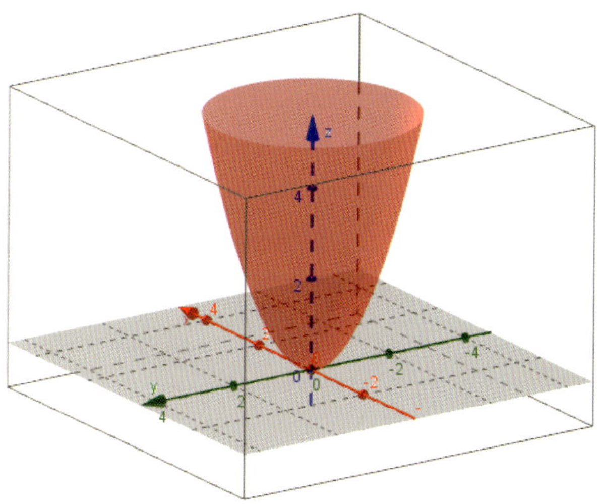

그림 8.1: $f(x, y) = x^2 + y^2$ 의 그래프

이변수 함수 예제

이변수 함수 예제 1

아래 주어진 이변수 함수의 그래프를 3차원 기하창에 표현하시오.

```
(01) a( x , y ) = x y / ( x^2 + y^2 )
(02) b( x , y ) = x^3 - 3x + y^3 - 3y
(03) c( x , y ) = ( x^2 + 3 y^2 ) e^( -x^2 - y^2 )
(04) d( x , y ) = sin( x^2 + y^2 ) / ( x^2 + y^2 )
(05) e( x , y ) = x + 2y
```

1 01 번 이변수 함수를 3차원 기하창에 표현하려면, 입력창에 다음과 같이 입력한다.

```
a( x , y ) = x y / ( x^2 + y^2 )
```

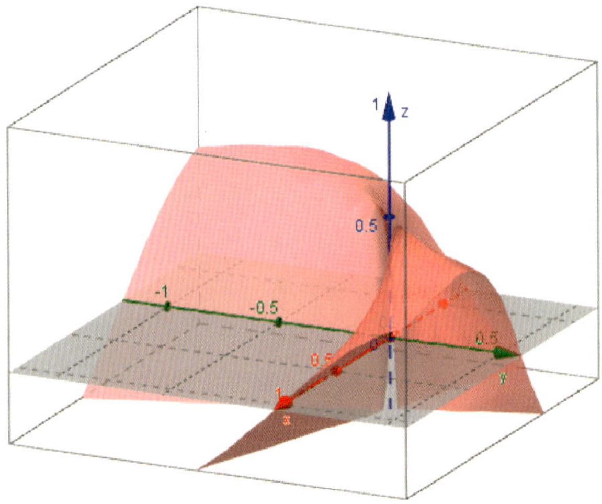

(2) 02 번 이변수 함수를 3차원 기하창에 표현하려면, 입력창에 다음과 같이 입력한다.

```
b( x , y ) = x^3 - 3x + y^3 - 3y
```

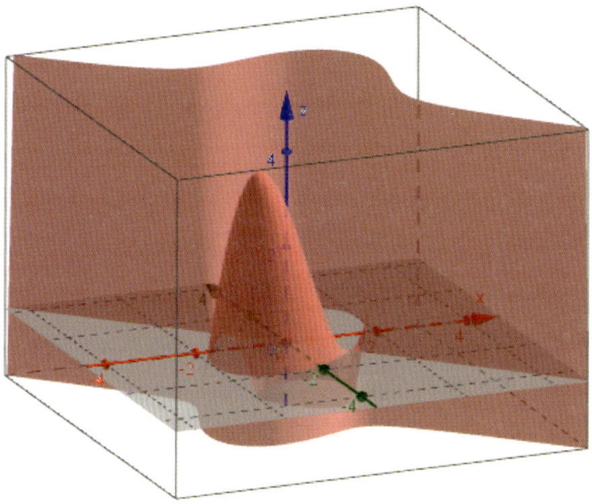

(3) 03 번 이변수 함수를 3차원 기하창에 표현하려면, 입력창에 다음과 같이 입력한다.

```
c( x , y ) = ( x^2 + 3 y^2 ) e^( -x^2 - y^2 )
```

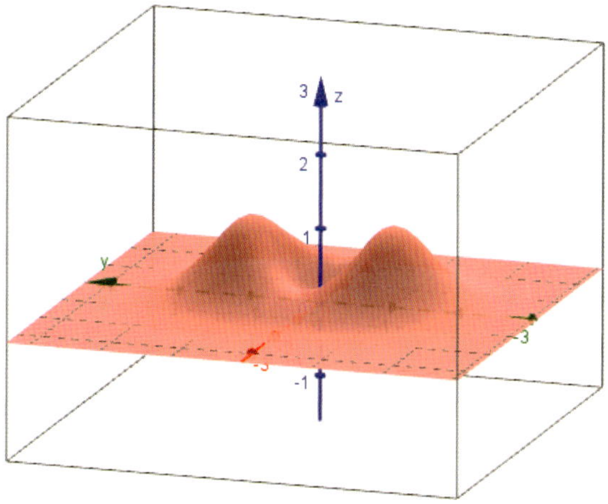

4 04 번 이변수 함수를 3차원 기하창에 표현하려면, 입력창에 다음과 같이 입력한다.

```
d( x , y ) = sin( x^2 + y^2 ) / ( x^2 + y^2 )
```

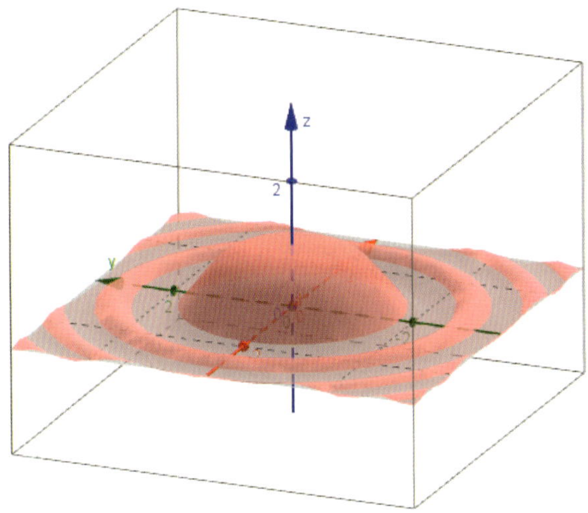

5 05 번 이변수 함수를 3차원 기하창에 표현하려면, 입력창에 다음과 같이 입력한다.

```
e( x , y ) = x + 2y
```

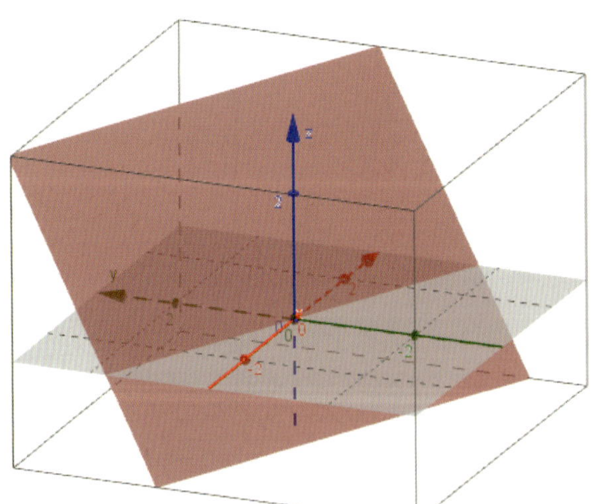

이변수 함수 예제 2 (등위선)

이변수 함수 $a(x, y) = x^2 + y^2$ 의 그래프와 xy평면에 평행한 평면의 교선을 3차원 기하창에서 관찰하시오.

1. 3차원 기하창에 이변수 함수 $a(x, y) = x^2 + y^2$ 의 그래프를 그리려면, 입력창에 다음과 같이 입력한다.

```
a( x , y ) = x^2 + y^2
```

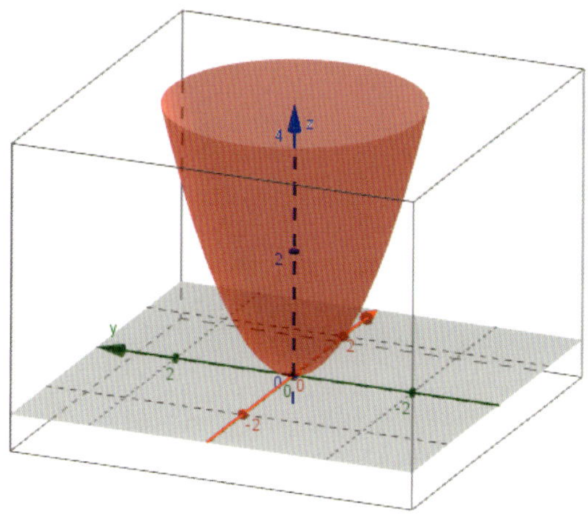

2. 3차원 기하창에 xy 평면과 평행하고 높이가 k인 평면을 그리려면, 입력창에 다음과 같이 입력한다.[1]

```
b : z = k
```

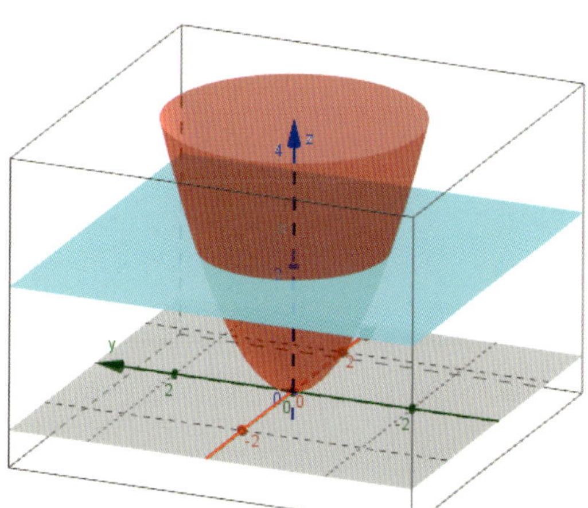

[1]슬라이더 k 가 미리 만들어지지 않은 경우, 슬라이더 만들기 대화상자가 나타난다.

3 xy 평면 위에 두 곡면의 교선과 같은 곡선을 표현하려면, 입력창에 다음과 같이 입력한다.

```
x^2 + y^2 = k
```

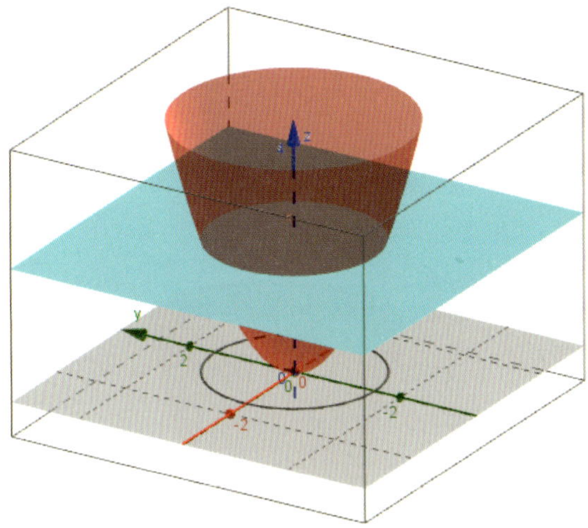

4 (2차원) 기하창에 이변수 함수 $a(x,y)=x^2+y^2$ 의 등위선을 표현하려면, 입력창에 다음과 같이 입력한다.

```
등위선그리기[ a ]
```

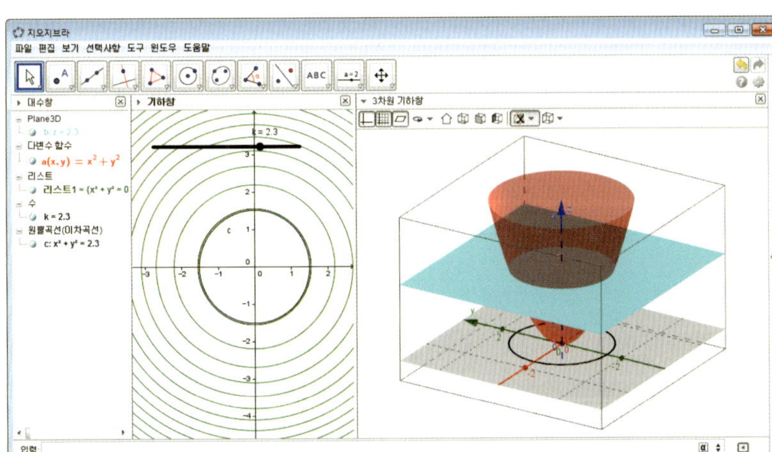

이변수 함수 예제 3 (접평면)

이변수 함수 $a(x,y) = x^2 + y^2$ 의 그래프 위의 한 점에 대한 접평면을 구하시오.

(1) 이변수 함수 $a(x,y) = x^2 + y^2$ 의 그래프를 그리려면, 입력창에 다음과 같이 입력한다.

```
a( x , y ) = x^2 + y^2
```

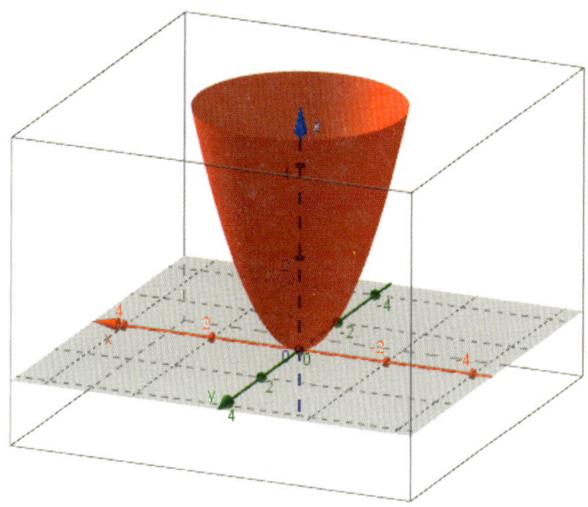

(2) 점 [A] 도구를 선택한 후, xy 평면을 클릭 하면 점 A 가 나타난다. 점 A 의 x 좌표, y 좌표를 정의역의 원소로 하여 곡면 위의 점 B 를 정의하려면, 입력창에 다음과 같이 입력한다.

```
B = ( x(A) , y(A) , a( x(A) , y(A) ) )
```

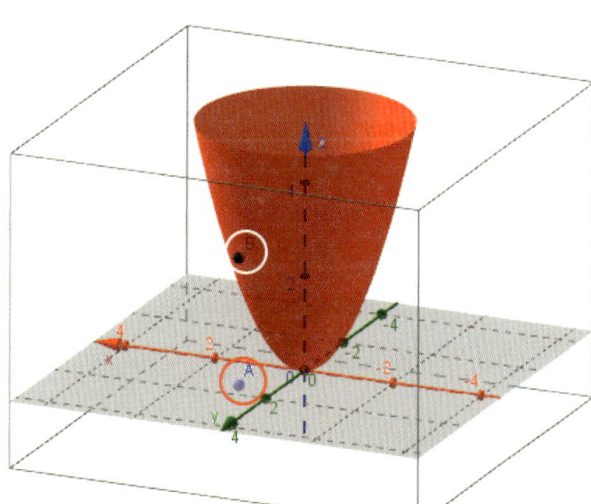

3 x , y 에 대한 편미분 함수를 구하기 위해, 입력창에 다음과 같이 입력한다.

```
b( x , y ) = 미분[ a , x ]
c( x , y ) = 미분[ a , y ]
```

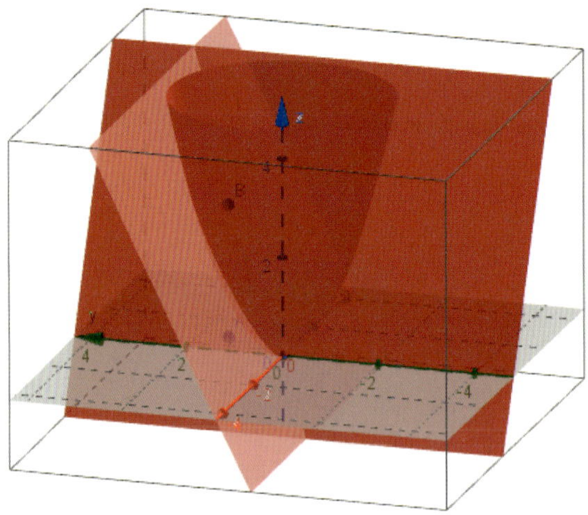

4 곡면 위의 점 B 에서의 접평면을 구하려면, 점 B 에서의 수직벡터가 필요하다. 점 B 에서의 수직벡터 h 를 구하려면 입력창에 다음과 같이 입력한다.

```
h = ( b( x(A) , y(A) ) , c( x(A) , y(A) ) , -1 )
```

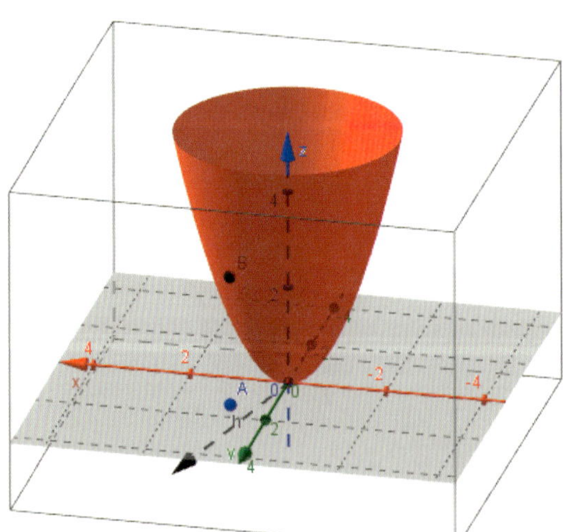

(5) 곡면 위의 점 B 에서의 접평면을 구하려면, 입력창에 다음과 같이 입력한다.

```
수직평면[ B  , h ]
```

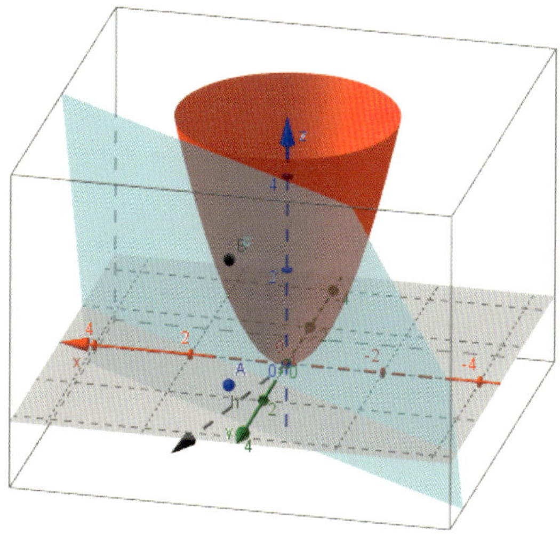

이변수 함수 예제 4 (최대와 최소)

정의역이 $x^2 + y^2 - 4 = 0$ 인 x, y의 함수 $f(x, y) = 9 - (x-1)^2 - y^2$ 의 최댓값과 최솟값을 갖는 지점을 알아보시오.

1) 정의역이 $x^2 + y^2 - 4 = 0$이므로 입력창에 다음과 같이 입력한다.

```
x^2 + y^2 - 4 = 0
```

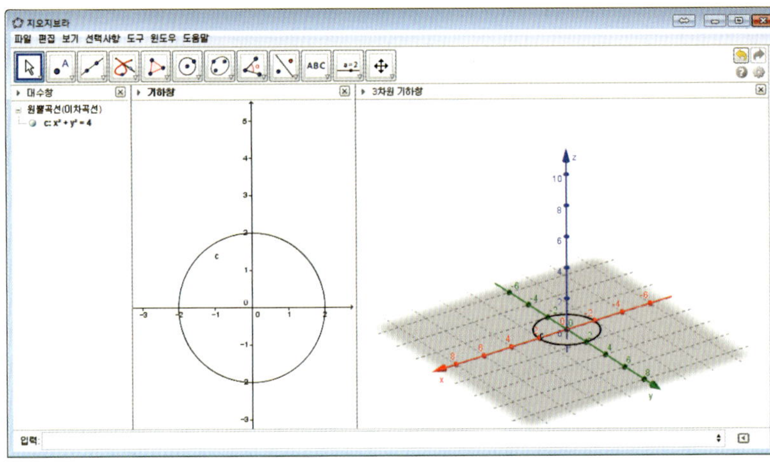

2) 주어진 함수가 $f(x, y) = 9 - (x-1)^2 - y^2$ 이므로, 입력창에 다음과 같이 입력한다.

```
f( x , y ) = 9 - ( x - 1 )^2 - y^2
```

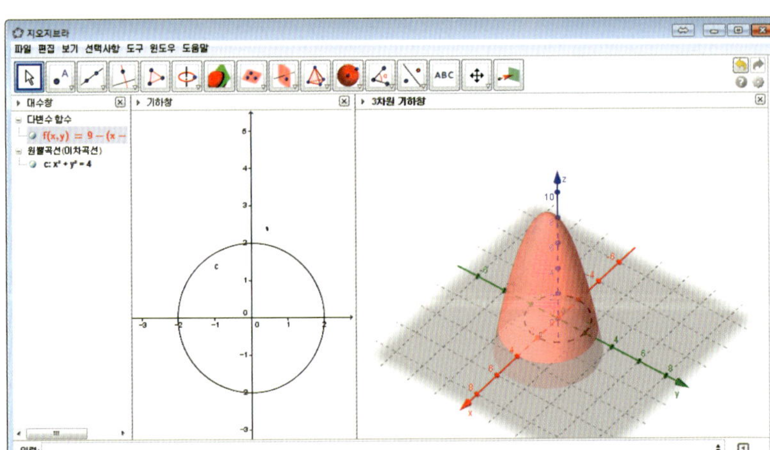

3 점 **•A** 도구를 선택한 후, 기하창의 원을 클릭 하여 원 위의 점 A 를 정의한다.

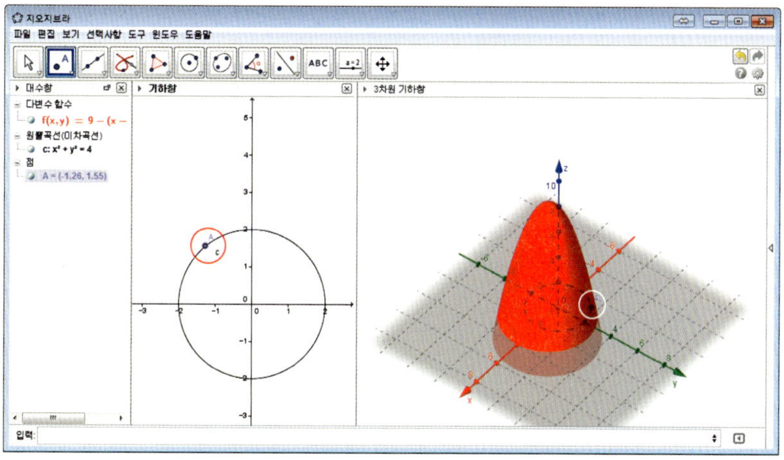

4 점 B = (x , y , f(x , y)) 를 정의하기 위해 입력창에 다음과 같이 입력한다.

```
B = ( x(A) , y(A) , f( x(A) , y(A) ) )
```

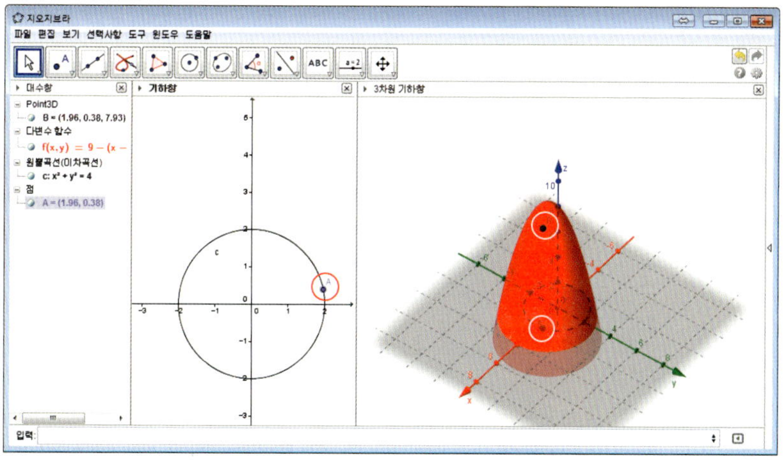

(5) 점 B 위에서 마우스 오른쪽 버튼을 클릭한 후 자취 보이기 를 선택한다.

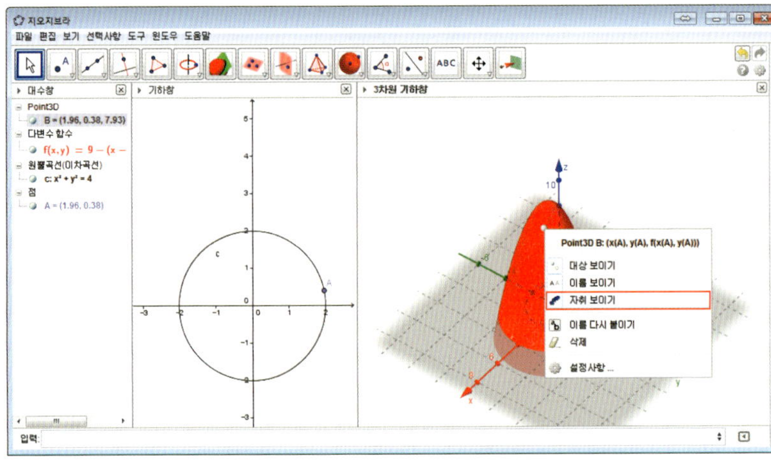

(6) 점 A 위에서 마우스 오른쪽 버튼을 클릭한 후 애니메이션 시작 을 선택한다.

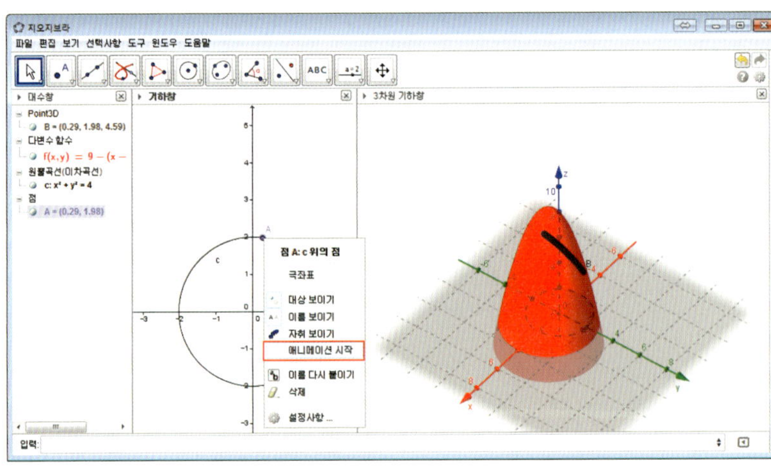

7 그림에서 볼 수 있는 것과 같이 (2 , 0)에서 최댓값, (-2 , 0)에서 최솟값을 갖는다.[2]

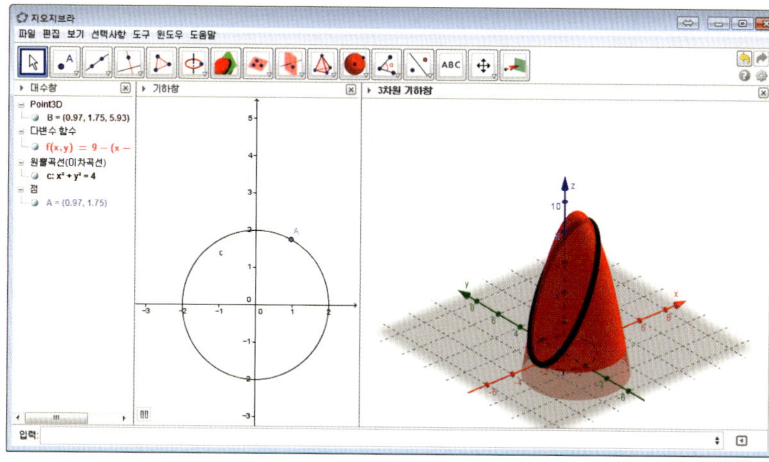

---

[2]마우스 오른쪽 버튼을 클릭 한 채, 마우스를 드래그해도 3차원 기하창의 점의 자취는 사라지지 않는다.

9
정사영

9.1 정사영

정사영의 정의

공간의 점 P에서 평면 α에 내린 수선의 발 P'을 점 P의 평면 α위로의 정사영이라고 한다. 또한 공간도형 F의 각 점에서 평면 α에 내린 수선의 발이 그리는 도형 F'을 도형 F의 α위로의 정사영이라고 하고 평면 α를 투영면이라고 한다.

정의에 따라 투영면의 법선 벡터 방향으로 시점이 이동하면 정사영을 볼 수 있다. 그림 9.1a에서는 벽면에 원판이 세워져 있고 투영되는 방향으로 직선이 그려져 있다. 선택방향으로 보기  도구를 선택하고 직선을 클릭  하면 그림 9.1b와 같이 원판이 정사영된 모습을 볼 수 있다.

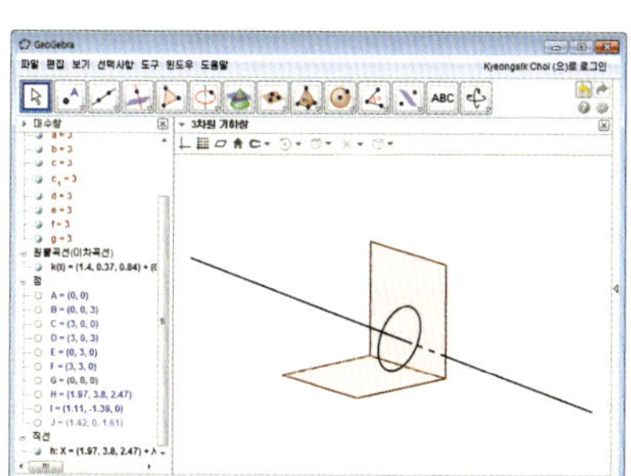

(a) 공간상의 원판

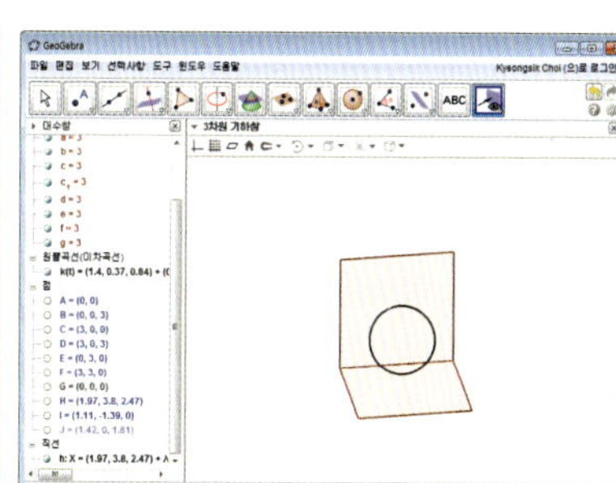

(b) 정사영

그림 9.1: 선택방향으로 보기 도구를 이용한 정사영

9.2 정사영 예제

정사영 예제 1

그림 9.2와 같이 한 모서리의 길이가 6인 정사면체 $OABC$와 모서리 BC에 평행한 평면 α가 있다. 모서리 BC를 회전축으로 하여 정사면체 $OABC$를 회전시킬 때, 평면 α에 수직인 방향으로 비추는 태양광선에 의해 생기는 정사면체 $OABC$의 그림자의 모양을 알아보시오.[a]

---

[a]출처 : 2013 EBS 수능완성 기하와 벡터, p.59 <문제 16>

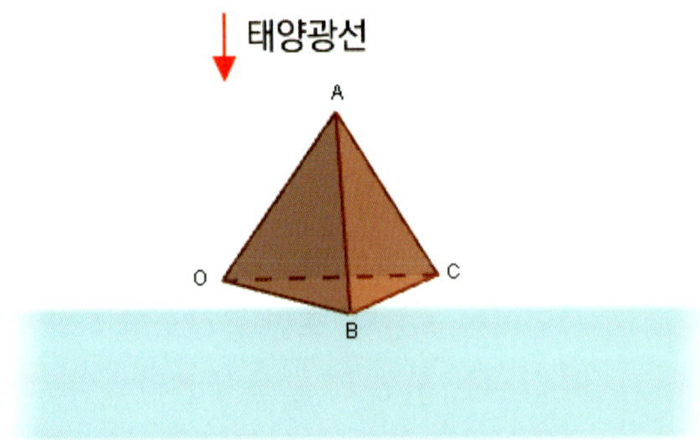

그림 9.2: 사면체의 정사영

위의 제시된 상황을 지오지브라에서 구현하려면 정사면체의 한 변을 중심으로 정사면체가 회전하도록 해야 한다. 이를 쉽게 구현하기 위해 정사면체의 한 변 BC가 z축 위에 있다고 가정하자.

1 z축 위에 정사면체의 두 꼭짓점(점 B, 점 C)을 만들기 위해 입력창에 다음과 같이 차례로 입력한다.

```
B = ( 0 , 0 , 1 )
C = ( 0 , 0 , -1 )
```

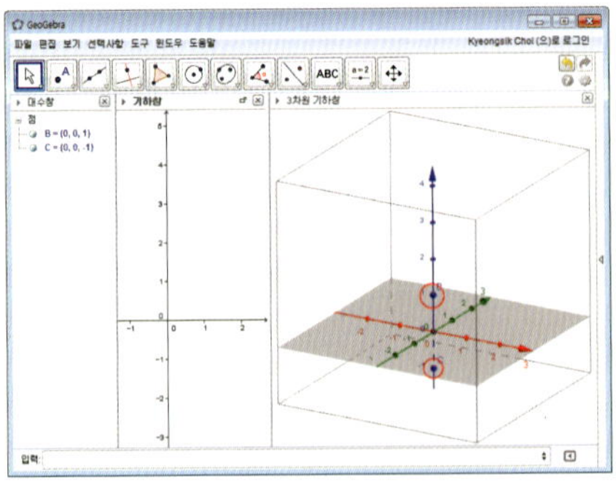

(2) xy 평면 위에 있는 나머지 두 꼭짓점이 움직이는 자취(원)를 만들기 위해 입력창에 다음과 같이 입력한다.[1] 이 때 (2차원) 기하창을 마우스로 클릭 하고 입력해야 한다.[2]

```
x^2 + y^2 = 3
```

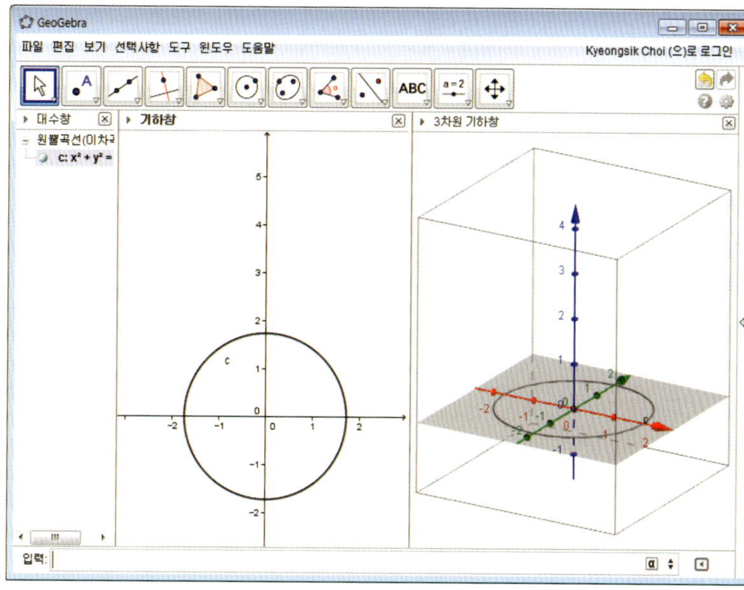

(3) 점 도구를 선택한 후 (2차원) 기하창 위의 원을 클릭 하여 원 위에서만 움직이는 점(A)을 만든다.

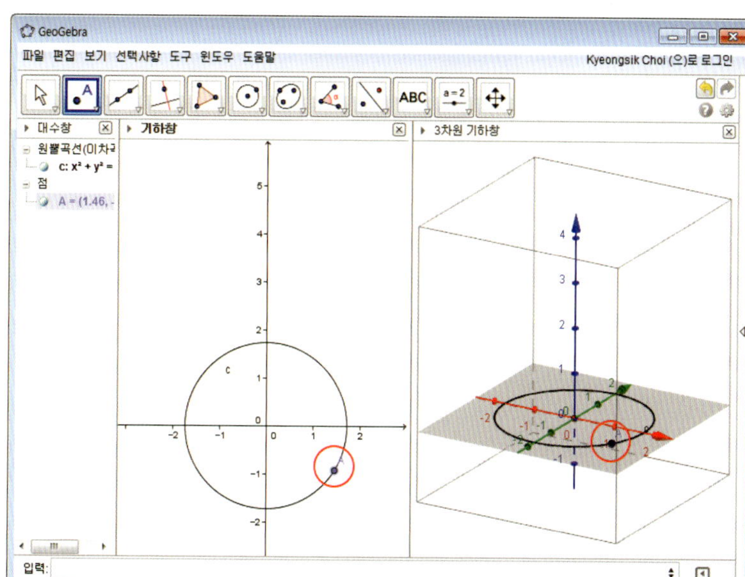

[1]정사면체의 나머지 두 점은 xy 평면에서 반지름이 $\sqrt{3}$ 인 원 위에 있다.
[2]지오지브라에서 (2차원) 기하창을 클릭 하면 2차원 기하창에서 대상을 다루겠다는 것이다.

④ 방향을 나타낼 벡터로 $(0,0,0)$을 시작점으로 하고 점 A를 끝점으로 하는 벡터(u)를 정의하기 위해 입력창에 다음과 같이 입력한다.

```
u = 벡터[ ( 0 , 0 , 0 ) , A ]
```

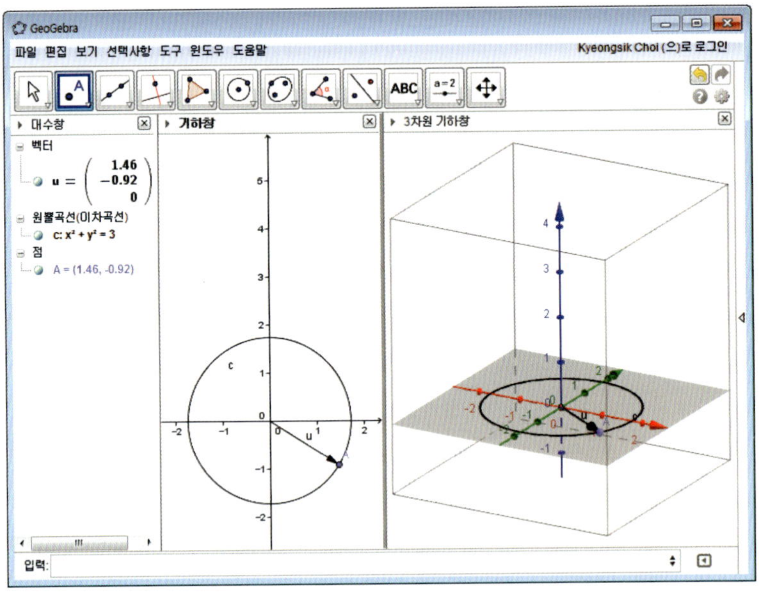

⑤ 정사면체를 정의하기 위해 입력창에 다음과 같이 입력한다.

```
정4면체[ B , C , u ]
```

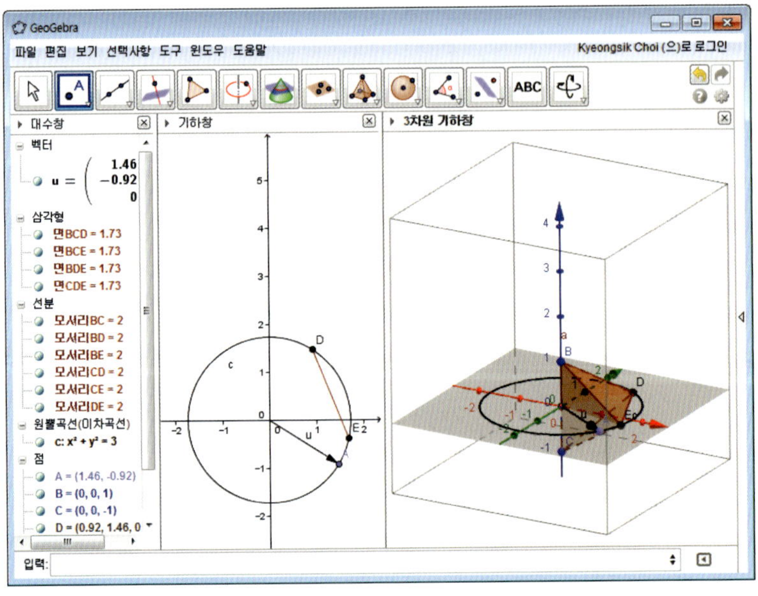

(6) 투영면 xz 평면을 나타내기 위해 그림에서 표시된 스타일바의 아이콘을 클릭 한다.

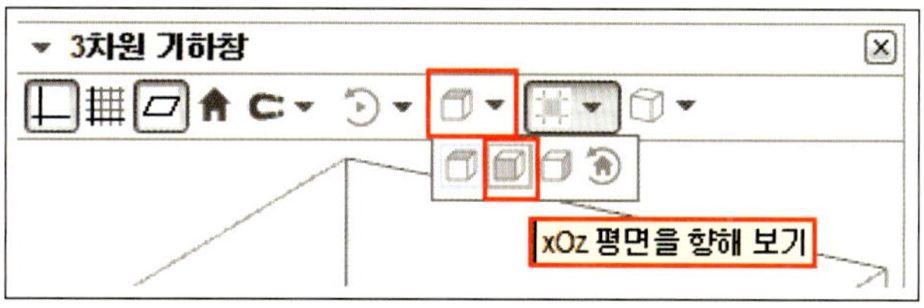

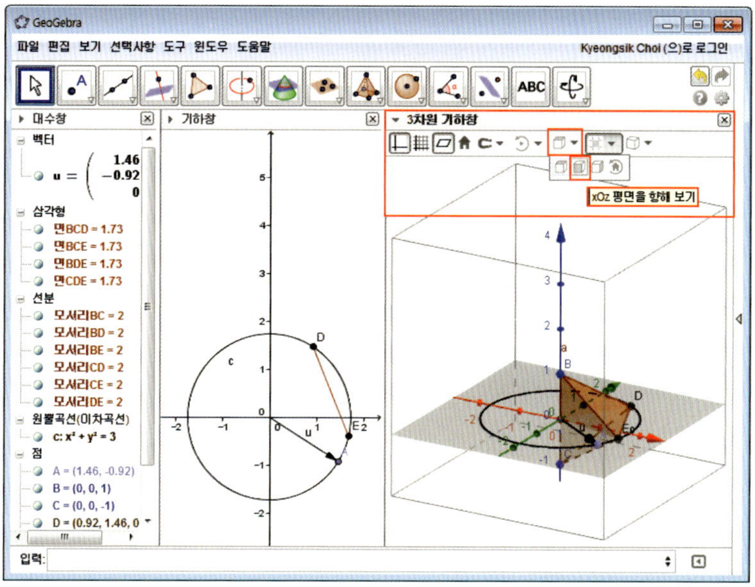

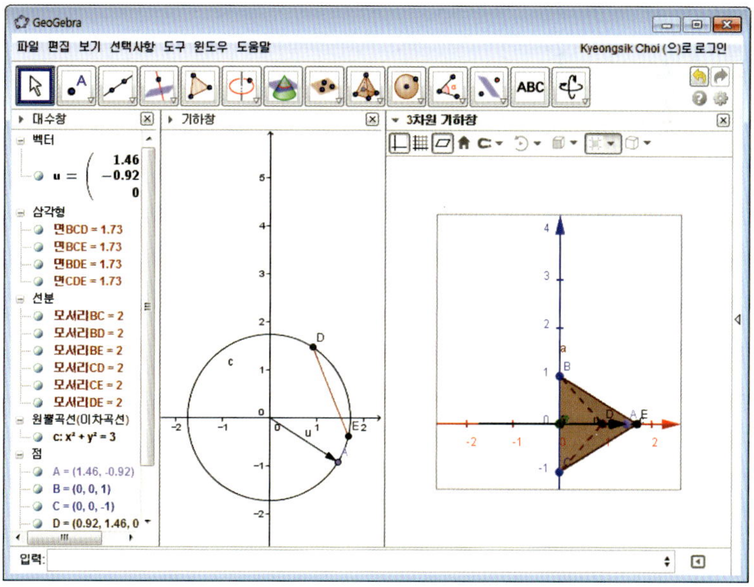

(7) 점 A를 드래그하면 정사면체가 정사영된 모습을 볼 수 있다.

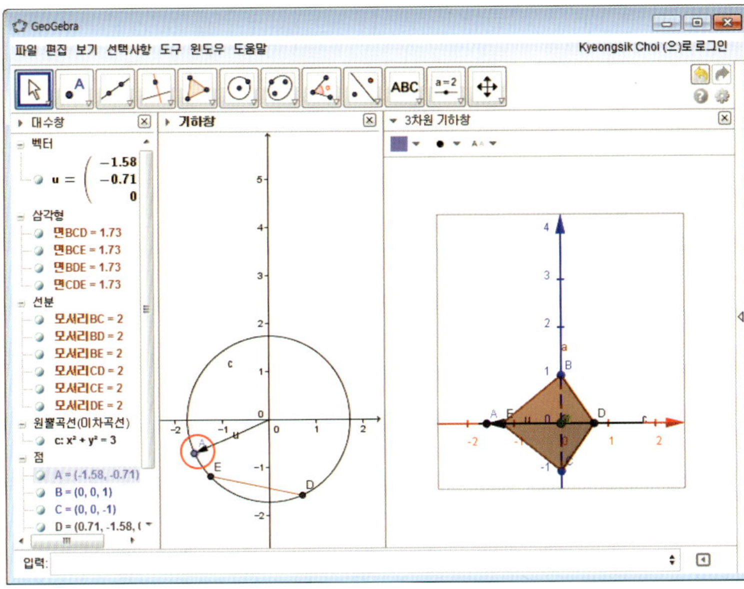

V

부록

GeoGebra

10 지오지브라 연구소

지오지브라 연구소

설립 목적

전국수학교사모임 지오지브라 연구소(이하 지오지브라 연구소)[1]는 2011년 11월에 전국수학교사모임에 설치되었다. 지오지브라 연구소는 국제 지오지브라 연구소(IGI; International GeoGebra Institute)의 비전과 목표를 따라, 우리나라 지오지브라 사용자를 위하여 다음과 같은 지원을 하는 공식 기관이다.[2]

- 현직 교사 및 예비 교사를 위한 연수
- 각종 지오지브라 관련 문서 출판
- 지오지브라 관련 연구 수행
- 국내외 지오지브라 관련 학회 개최
- 그 외 지오지브라와 관련된 여러 지원 활동

(a) 지오지브라 연수 모습

(b) 지오지브라의 자문인 졸트 라빅자 교수(Cambridge)

[1] http://www.geogebra.or.kr/

[2] 지오지브라 연구소는 Cambridge 대학의 졸트 라빅자(Zsolt Lavicza) 교수가 자문을 맡고 있다.

학회와 연수

지오지브라 연구소는 국제 지오지브라 연구소와 긴밀한 관계 가운데 아시아 및 전 세계의 지오지브라 사용자를 지원하기 위하여 많은 노력을 하고 있다. 이러한 노력의 결과로 2012년 7월 8일에는 GeoGebra ICME Pre-conference 2012 국제학회를 개최하였다.[3] 이 학회에는 25개국에서 약 160여명이 참여하였으며 각국에서 이루어지고 있는 지오지브라 관련 연구가 발표되었다.

현재 지오지브라 연구소는 지오지브라 사용자를 위한 공식 연수를 통해 매년 수천명에게 지오지브라의 사용법을 전달하고 있다. 지오지브라 연수나 학회 일정은 지오지브라 연구소 홈페이지(`http://www.geogebra.or.kr/`)의 메인 화면에서 [연수 일정]을 클릭 하면 볼 수 있다.[4]

질문 답변

지오지브라 연구소 홈페이지의 질문답변/자료 - 지오지브라 바이블에 이 책에서 생기는 질문을 올릴 수 있다. 또한, 이 게시판에서 이 책의 자료를 다운로드 받을 수 있다.

---

[3] `http://wiki.geogebra.org/en/GGB_Korea_2012`

[4] 네이버 계정이 있는 경우 구독할 수 있다.

자료

도움말 문서

지오지브라 연구소 홈페이지의 지오지브라 자료 - 도움말 문서에서 지오지브라 연구소의 공식 매뉴얼을 다운로드 받을 수 있다.

동영상 강의

지오지브라 연구소 홈페이지의 지오지브라 자료 - 동영상 강좌에서 지오지브라를 배울 수 있는 동영상 강좌를 무료로 볼 수 있다.

수학그림 자료

지오지브라 연구소 홈페이지[5]의 지오지브라 자료 - 수학그림 자료에서 지오지브라로 작성된 수학그림 자료 그림과 지오지브라 파일을 다운로드 받을 수 있다.

지오지브라 SNS

페이스북

우리나라 지오지브라 사용자를 위한 **지오지브라 공식 페이스북 페이지**[6]에서는 지오지브라와 관련된 다양한 정보를 알 수 있다.

---

[5]http://www.geogebra.or.kr/

[6]검색창에서 지오지브라를 검색하면 비영리 단체로 찾을 수 있다. 또는 지오지브라 공식 홈페이지(http://www.geogebra.or.kr/)의 지오지브라 SNS - 지오지브라 페이지를 클릭 한다.

11 참고자료

11.1 지오지브라 태블릿 앱

윈도우즈 8 앱 설치

① 윈도우즈 8에서 스토어를 손가락으로 터치한다.

② 스토어 화면이 나타나면 화면의 오른쪽 모서리를 손가락으로 안쪽을 향해 밀어 검색이 나타나도록 한다.

③ 검색창에 geogebra를 입력하면 검색 결과가 왼편에 나타난다.

④ 검색 결과에서 GeoGebra를 터치하면 지오지브라(GeoGebra) 앱에 대한 소개자료가 나타난다. 설치 를 터치한다.

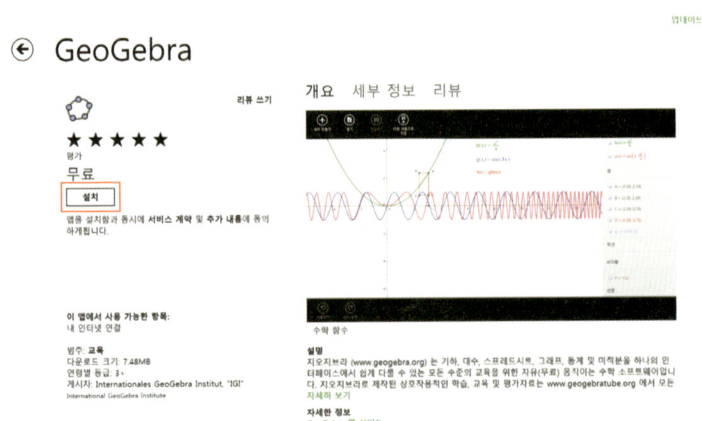

⑤ 지오지브라 앱이 설치되고 아이콘이 화면에 나타난다.

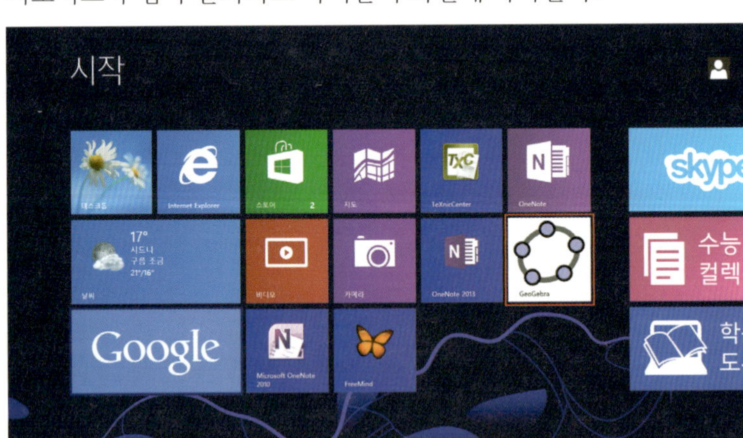

안드로이드 앱 설치

1 안드로이드 기기에서 Play 스토어를 손가락으로 터치한다.

2 스토어 화면 상단의 검색창에 `geogebra`를 입력하면 지오지브라(GeoGebra) 앱이 나타난다.

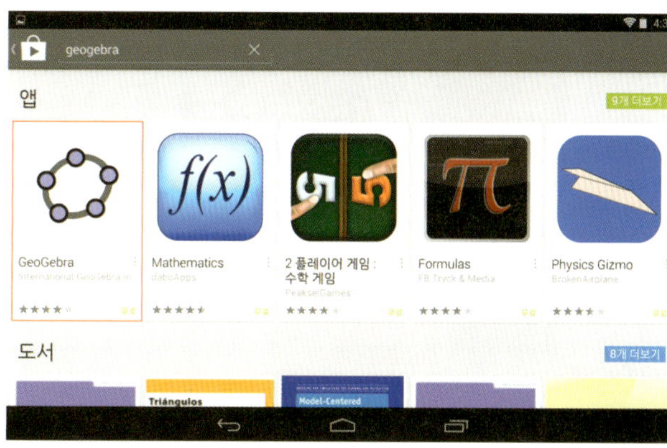

3 지오지브라 앱을 터치한 후 설치 를 터치한다.

아이패드 앱 설치

(1) 아이패드에서 App Store를 손가락으로 터치☛한다.

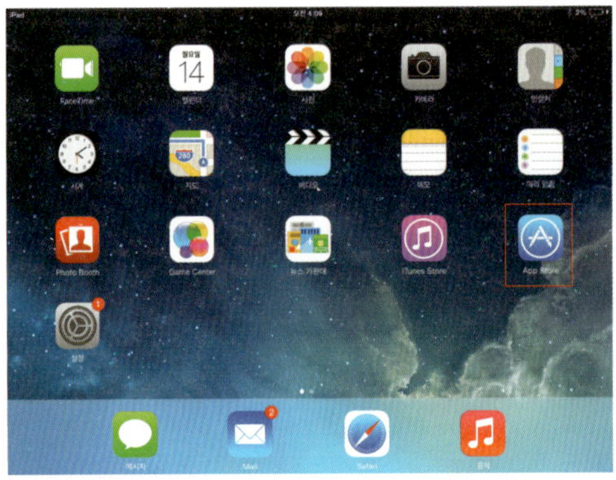

(2) App Store 화면 상단의 검색창에 geogebra를 입력하면 지오지브라(GeoGebra) 앱이 나타난다.

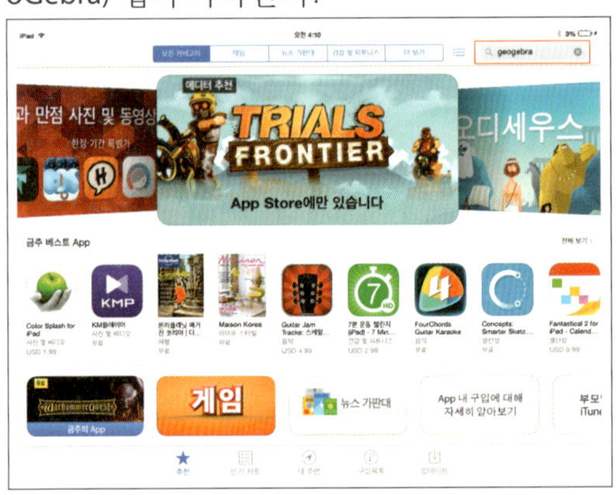

(3) 지오지브라 앱을 터치☛한 후 설치 를 터치☛한다.

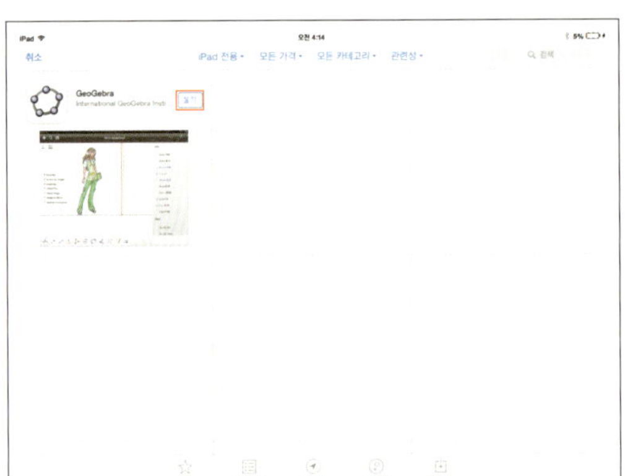

처음 화면

(1) 지오지브라 앱 아이콘을 터치☛하면 그림과 같은 화면이 나타난다.

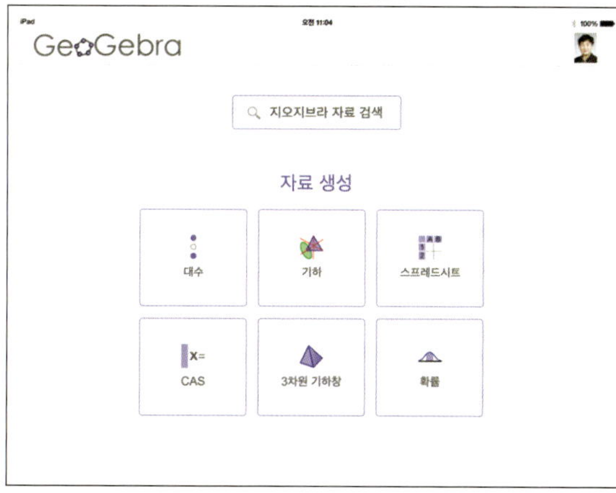

(2) 화면 상단의 지오지브라 자료 검색을 터치☛하면 그림과 같이 지오지브라 튜브의 자료가 나타난다.

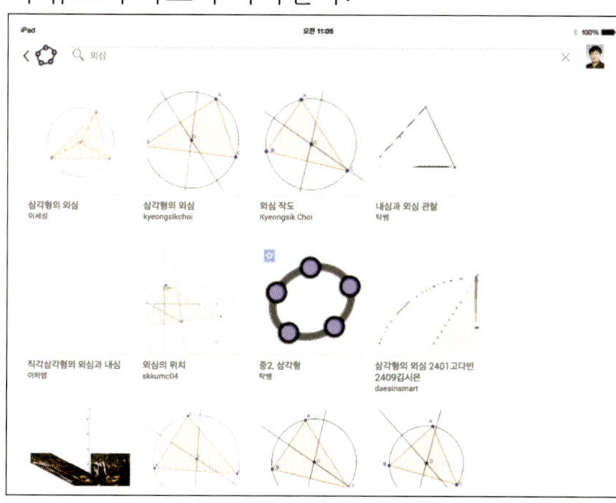

(3) 대수를 터치☛하면 대수 환경이 그림과 같이 나타난다.

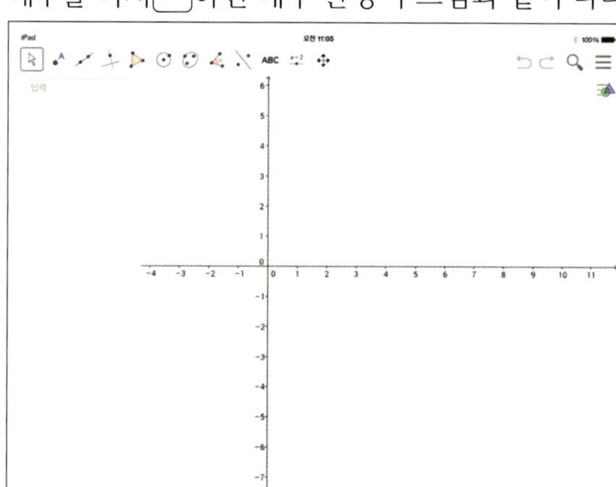

④ 기하를 터치☛하면 기하 환경이 그림과 같이 나타난다.

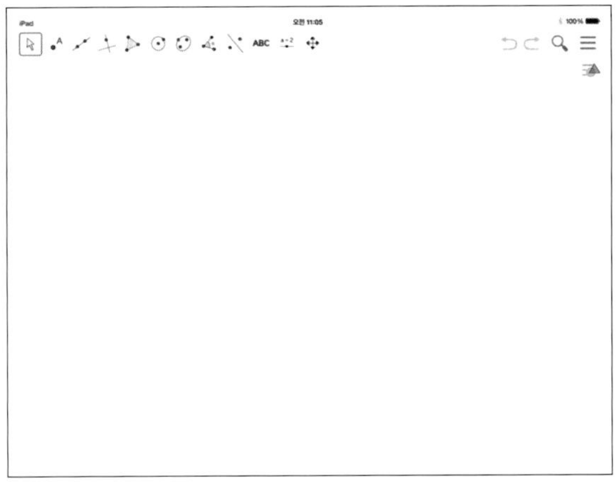

⑤ 스프레드시트를 터치☛하면 자료 분석 환경이 그림과 같이 나타난다.

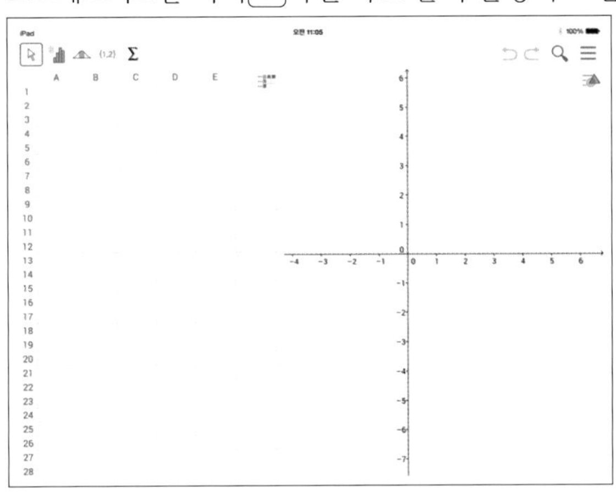

⑥ CAS를 터치☛하면 CAS 환경의 그림과 같이 나타난다.

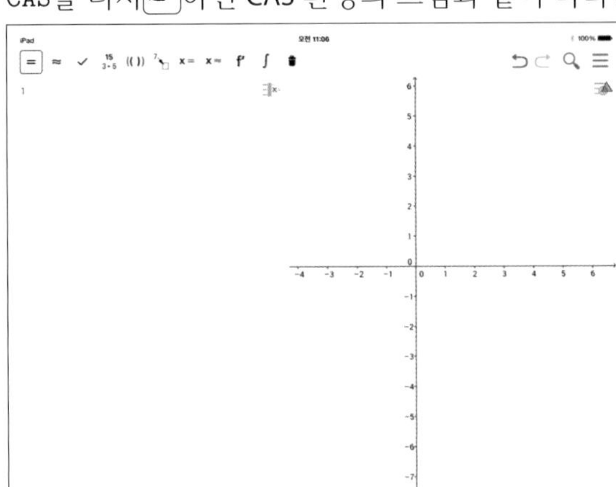

(7) 3차원 기하창를 터치(☛)하면 3차원 기하 환경이 그림과 같이 나타난다.

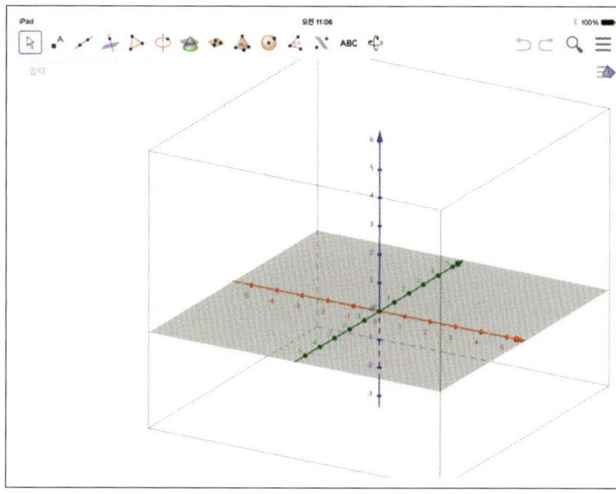

(8) 확률를 터치(☛)하면 확률 통계 환경이 그림과 같이 나타난다.

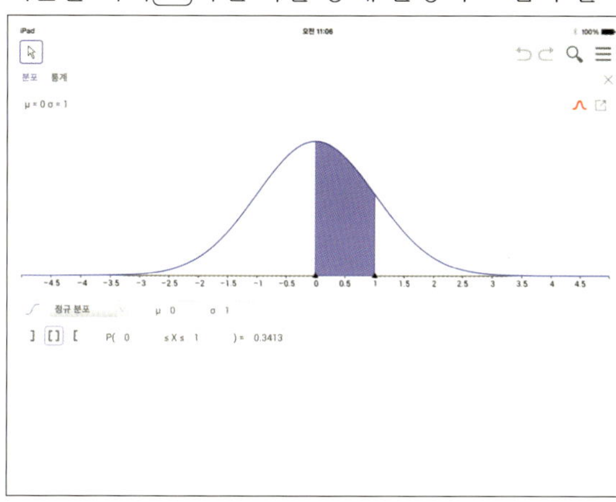

메뉴, 자료 입력, 도구 도움말

(1) 화면 우측 상단의 ≡을 터치하면 지오지브라의 메뉴가 나타난다.

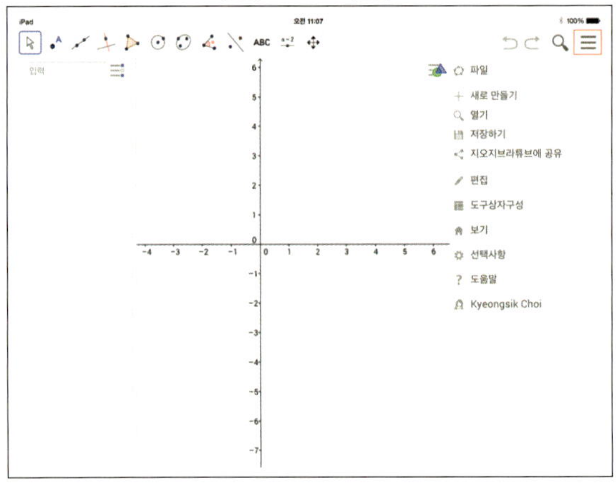

(2) 입력창에 2글자를 입력하면 명령어 자동완성 기능이 작동하여 관련 명령어를 추천한다.[1]

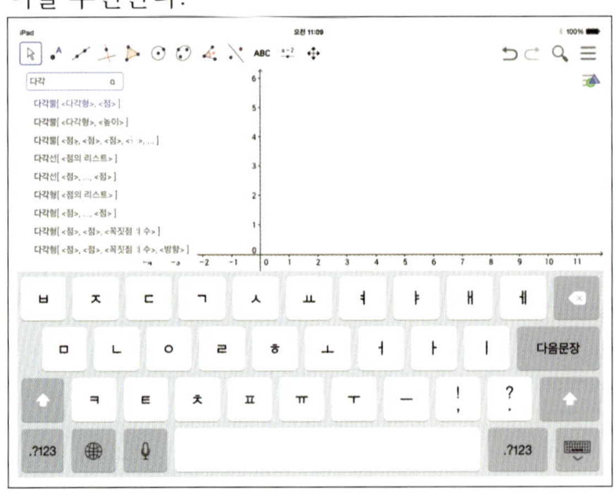

(3) 도구를 터치하면 화면 하단에 도구 도움말이 나타난다.

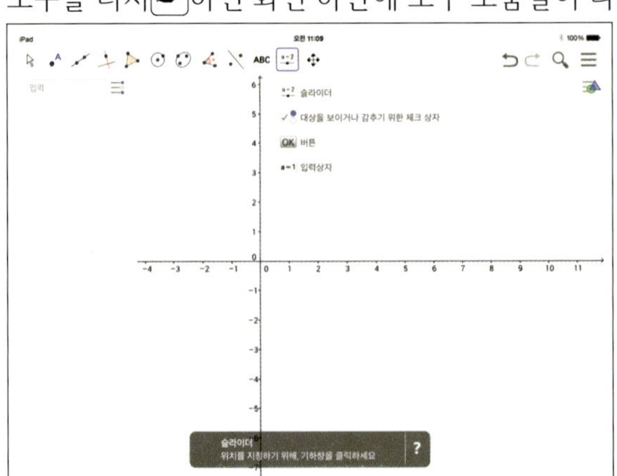

[1]한글 명령어 가운데에는 하나의 글자로 된 명령어가 있다. 이 명령어들은 해당되지 않는다.

찾아보기

지오지브라 시리즈 2

개정판 지오지브라 5와 3차원 기하

2014년 1월 10일 초 판 발행
2015년 1월 20일 개정판 발행

저 자 / 최경식
발행자 / 오판근
발행처 / 교우사

주 소 / 서울특별시 동대문구 약령시로 8 교우빌딩 2층
전 화 / 925-2861(代), 편집부/925-2825, 홈쇼핑/969-5762
팩 스 / 925-2860
E-mail/kyowoo@kyowoo.co.kr
http://www.kyowoo.co.kr

등록 / 1994.3.24 제6-0256호

ISBN 979-11-251-0006-5 (94410)
978-89-8172-940-0 (세트)

값 15,000 원